DX時代のプライバシー戦略

個人データ保護と
ビジネス強化両立の
実践ガイド

佐藤礼司
橋村洋希 共著

本書に掲載されている会社名・製品名は、一般に各社の登録商標または商標です。

本書を発行するにあたって、内容に誤りのないようできる限りの注意を払いましたが、本書の内容を適用した結果生じたこと、また、適用できなかった結果について、著者、出版社とも一切の責任を負いませんのでご了承ください。

本書は、「著作権法」によって、著作権等の権利が保護されている著作物です。本書の複製権・翻訳権・上映権・譲渡権・公衆送信権（送信可能化権を含む）は著作権者が保有しています。本書の全部または一部につき、無断で転載、複写複製、電子的装置への入力等をされると、著作権等の権利侵害となる場合があります。また、代行業者等の第三者によるスキャンやデジタル化は、たとえ個人や家庭内での利用であっても著作権法上認められておりませんので、ご注意ください。

本書の無断複写は、著作権法上の制限事項を除き、禁じられています。本書の複写複製を希望される場合は、そのつど事前に下記へ連絡して許諾を得てください。

出版者著作権管理機構
（電話 03-5244-5088, FAX 03-5244-5089, e-mail : info@jcopy.or.jp）

JCOPY ＜出版者著作権管理機構 委託出版物＞

はじめに

　インターネットサービスの普及に伴い、ユーザー[1]の行動や購買などの
データを基に、サービスが最適化されることが当然の時代となりました。
インターネットで買い物をするときは閲覧や購買の履歴に基づいて商品の
推薦が行われますし、動画を閲覧するときは過去の視聴履歴に基づいて
ホーム画面に表示される動画が変わります。データに基づいた調整によっ
て、ユーザーはより適切なサービスを受けられるようになりました。

　しかし、ユーザーに紐づくデータ（≒個人データ）は、うまく活用すれ
ばビジネス強化につながる反面、使いかたを間違えればユーザーのプライ
バシーを侵害する恐れがあり、さらには社会的に大きな非難を受ける可能
性もあります。近年ではプライバシー保護に対する社会の目が厳しくなっ
ており、グローバルプラットフォーマーがGDPR（General Data Protec-
tion Regulation：EU一般データ保護規則）で高額な罰金を課せられ、こ
れまで明確な法規制のなかった国に日本の個人情報保護法に相当する法律
が次々と制定されるなど、国際社会は法規制を強める方向に動いていま
す。日本国内でも、個人データの不適切な取り扱いにより問題となった事
例は枚挙に暇がありません。

　いままさに個人データを活用するサービスを開発・運用している実務担
当者であっても、以下のような不安を抱えている人は多いのではないで
しょうか。

- ・現在行っている個人データの活用施策が、法規制に抵触するリスクは
  ないか？
- ・ユーザーの同意はどんなときに必要で、必要となる場合はどうやって
  合意を取得するべきか？

---

1 商品やサービスを使用もしくは消費する人を指し、本書では便宜的に"消費者"の意味合い
も含めています。

・個人データを事業者間でコラボレーションさせる、もしくは第三者機関で分析するとき、その適法性やセキュリティをどのように担保すればよいか？
・個人データの処理過程において、個人が特定されるリスクはないか？
・炎上リスクやレピュテーションリスクを想定したとき、ユーザーや社会に対してどのような情報を公表、提供するべきか？

　著者が所属する Acompany では、このような課題を抱える企業担当者の方々と多く出会ってきました。「DX」という言葉は流行しましたが、パーソナルデータを用いた DX を実現するには、プライバシーに関する課題への対策が欠かせません。しかし、「プライバシーは専門家が考えるもの」「プライバシーは地味で面倒臭いもの」というイメージもあるなかで、パーソナルデータを安全に利用するための知見や情報が世の中にはとても不足していると感じています。本書では、著者が業務上得たプライバシーの知見を存分に活かすことで、上記のような不安や疑問に対する回答を示し、個人データを取り扱う当事者が実務レベルで適切な対応をとれるよう導きます。

　本書は全 7 章で構成されています。1〜3 章は、個人データを安全に活用するために理解すべき背景や動向について書きました。
　1 章では、プライバシー保護の重要性が高まっている主な背景として、まず「個人データの活用」が注目されている点を示します。私たちの生活のあらゆる情報がデータ化され、そのデータを活用する技術も急速に発展しています。巨大プラットフォーマーである GAFAM（Google、Amazon、Facebook（現 Meta）、Apple、Microsoft）が個人データを大量に収集し、それをサービスに活用することで、世界中で大きな影響力を持つようになりました。デジタルサービスの代表として広告業界で個人に関するデータの活用が発展しましたが、広告業界に限らず、医療・金融・公共などさまざまな分野で、収集したデータを活用して AI モデルを開発するなどのケースが増えています。このように、個人の行動がさまざまなかたちで

データ化され、企業や団体が活用する取り組みが増えているがゆえに、ユーザーである個人も、データを活用する企業・団体も「プライバシー」を意識する場面が増えています。

2章では、「プライバシー保護と炎上」の関係を示します。プライバシーは、たびたび「何を保護すればよいのかわかりづらい」と言われます。その理由の1つとして、ユーザーのプライバシーに対する意識や価値観も、個人データがあらゆる場面で使用される現代においてアップデートされてきている点が挙げられます。データ漏洩やプライバシー侵害事案が増加するにつれて、ユーザーは自分の個人情報の価値と、それを保護する必要性をより意識するようになってきました。2024年8月に電通デジタルが公開した生活者意識調査[2]によると、生活者の約6割が企業へのデータ提供に不安を感じており、プライバシー保護のための透明性の高い方針と説明を求めています。さらに半数近くの生活者が、企業側によるプライバシーに関する説明が不足していると感じています。つまり、企業のプライバシー保護の取り組みは、足りていない、もしくは生活者には届いていないことが伺えます。プライバシーを意識するようになったユーザーのマインドを理解し、過去に生じた炎上事案から、どのような点を考慮するべきかを考えます。

3章は、個人データに関する法規制の動向を示します。個人データの活用においては、日本国内のみならず海外でも積極的に法規制が強化されてきています。日本企業が個人データを活用したビジネスを海外で展開しようとする場合や、個人データの収集を日本国外でも行う場合には、海外居住者に関するデータも取り扱うことになります。このとき、日本の個人情報保護法だけでなく、海外の個人情報保護法制も加わって適用されるため、いずれも遵守しなければならない場合があります。その象徴的な例が、2018年に欧州連合（EU）で施行されたGDPRです。GDPRには広域な域外適用の規定があり、当該地域（EU域内）に法人を持たない海外企

---

2 電通報「プライバシーへの配慮が企業価値になる。データ活用に関する生活者の意識調査」
https://dentsu-ho.com/articles/9033

業にも適用が及ぶ法制です。このGDPRをベースに、世界各国でプライバシー保護法の制定や制定に向けた動きが相次いでいます。個人データの活用においては国内外でますます高い水準で法的対応（プライバシー保護）が求められるようになっており、その実務への影響を示します。

4～7章は、より実務的なアプローチについて書きました。

4章では、プライバシーガバナンスとして、個人データを活用する際のプライバシーリスクを適切に管理する取り組みを示します。ユーザーのプライバシーに対する価値観の変化や、各国における個人データに関する法規制の強化に対応し、個人データを企業の競争力とするため、プライバシーガバナンスという活動が注目されています。日本国内でも、個人データを多く保有する企業は積極的にプライバシーガバナンスに関する取り組みを進めており、経済産業省や個人情報保護委員会も、プライバシーガバナンスの推進を奨励しています[3]。これらの取り組み内容を説明し、個人データの活用を検討する際に、どのような対応が必要となるかを示します。

5章では、個人データが法規制上、どのような位置づけになるかを整理し、活用する際に考慮すべき点をまとめました。個人情報保護法では、「匿名加工情報」「仮名加工情報」「個人関連情報」など複数の定義・分類が存在し、これらの違いがわかりづらいという声を聞きます。しかし、これらの違いによって、データの利用方法や利用範囲の条件は変わるため、正しく理解することで、個人データの活用スキームを適切に設計できるようになります。本章では、著者らが所属するAcompanyがこれまでさまざまな個人データ活用の検討で培った、実用性のある法的スキームの検討アプローチを示します。

6章は、プライバシーテック（Privacy-enhancing Technologies）の技術特性や活用におけるポイントを示します。秘密計算をはじめとするプラ

---

3 経済産業省「プライバシーガバナンス」https://www.meti.go.jp/policy/it_policy/privacy/privacy.html　個人情報保護委員会「データガバナンス（民間の自主的取組）」https://www.ppc.go.jp/personalinfo/independent_effort/

イバシーテックの技術発展は近年著しく、また複数の種類が存在するため、これらの特徴を理解し、個人データの活用シーンのどこで当てはめられるかを検討することが重要になります。本章では、プライバシーテックの種別ごとに技術内容をできるだけ具体的に示し、技術的な制約や特性をまとめました。また、プライバシーテックの活用事例から、どのようなシーンでプライバシーテックが有効となるかをイメージしていただくよう努めています。

　7章では、本書のまとめとして、プライバシーガバナンスや法規制、プライバシーテックの知識を総動員し、具体的にどのように個人データ活用のプロジェクトを進めていくのか、企画から運用までの一連の流れを示します。各ステップで検討すべき事項や注意すべきポイント、ケーススタディによる具体的な検討内容をトレースしていただくことで、これから個人データを活用する担当者の方が、実際の作業をイメージしていただけるようにしました。

　本書は専門的な用語が並びますが、可能な限りわかりやすさを優先し、プライバシーに関する法律や技術を専門としない方でも、理解いただけるよう努めて書いています。法律用語などは専門家に確認したうえで書いていますが、わかりやすさを優先することで、厳密には正確な表現になっていない可能性もあります。その場合、文責は著者にあります。

　本書が、日々個人データの活用を企画・推進する実務担当者のお役に立つことを願っています。

2025 年 1 月

著者一同

目　次

1章　なぜ個人データの活用が注目を集めているのか？

1-1　個人データ活用が活発化している背景 ················ 002

Column 01　テクノロジー VS 法規制 ···························· 010

1-2　個人データの活用事例 ······························· 011

2章　プライバシー保護と「炎上」

2-1　個人データに対する社会的関心の変化 ················· 016

2-2　個人データに関する炎上・対応事例 ·················· 018

2-3　事業者に求められるプライバシー保護の具体的施策とは
·· 032

Column 02　プライバシーリスクとは ····························· 042

3章　個人データと法規制

3-1　プライバシーに関する法規制の国際的な動向 ··········· 044

3-2　日本国内のプライバシーに関する法規制 ··············· 053

3-3　実務における法規制の影響 ························· 060

4章　プライバシーガバナンスを構築する

4-1　プライバシーガバナンスの必要性 ···················· 070

4-2　プライバシーガバナンスを強化する PIA ··············· 074

4-3　PIA を組み込んだプライバシーガバナンス体制 ·········· 082

4-4　プライバシー人材の育成・確保、外部リソースの活用
·· 088

Column 03　Acompany 社でのプライバシー人材育成の取り組み ··· 091

5章　個人データの定義と活用における注意点

5-1 個人に関する情報の定義 ··· 094

5-2 個人データ活用で考慮すべきポイント ········· 104

5-3 個人情報の活用スキームと通知や同意の要否 ········· 107

Column 04 利用規約とプライバシーポリシーの関係 ················ 111

5-4 適切な活用スキームの検討 ································· 119

5-5 個人データの越境移転 ··· 121

Column 05 同意取得の形骸化 ··································· 123

Column 06 同意管理プラットフォーム（CMP）とは ········· 126

6章　個人データを守るプライバシーテック

6-1 プライバシーテックとは？ ······························· 130

6-2 プライバシーテックの要素技術 ····················· 133

6-3 プライバシーテックの活用事例 ····················· 157

7章　プライバシーテックを活かした個人データ活用のフレームワーク

Case Study 01　広告配信データと購買データの連携・分析 ……… 168

7-1　Step 1　計画 ……………………………………… 169

Case Study 02　分析目的と期待効果の整理 ………… 170
Case Study 03　目的に応じたデータ処理内容の整理 ………… 171
Case Study 04　目的に応じた実現スキームの検討 ……………… 176

7-2　Step 2　検証 ……………………………………… 176

Case Study 05　データ処理内容の詳細化 ………………… 178
Case Study 06　ノックアウトファクターの整理 ……………… 182

7-3　Step 3　設計 ……………………………………… 183

Case Study 07　事業計画作成などのビジネス対応 ……………… 184
Case Study 08　検討ステップ内容を踏まえたシステム設計 ……… 185
Case Study 09　プライバシーリスクの分析・対応 ……………… 187

7-4　Step 4　データ準備 ………………………………… 188

Case Study 10　分析用データの準備 ……………………… 189

7-5　Step 5　システム構築・運用 ……………………… 189

Case Study 11　プライバシーリスクの再分析・対応 ……… 190

おわりに ……………………………………………… 192

索引 …………………………………………………… 194

1章

なぜ個人データの活用が注目を集めているのか?

1.1 個人データ活用が活発化している背景

1.2 個人データの活用事例

インターネットサービスの普及や、データを収集・蓄積・分析・活用するための技術基盤の進展に伴って、ユーザーの行動や購買などのデータを基にサービスが最適化されることが当たり前の時代になっています。

たとえば、インターネットで買い物をするときは閲覧や購買の履歴に基づいて商品が推薦され、動画を閲覧するときは過去の視聴履歴に基づいてホーム画面に表示される動画が変わります。そのようななかで、ユーザーはこれまで以上に快適なサービス利用体験を事業者に期待するようになりました。そして事業者は、ユーザーの期待に応えるため、また自社の売り上げを向上させるために、個人データの活用に注力しています。これは、ユーザーに紐づくデータ（≒**個人データ**[1]）が、ビジネスの成長にとって非常に有用であることが証明されてきたからにほかなりません。

1-2 節で紹介しますが、個人データを活用することで、**事業者**[2]は**ユーザー**[3]の行動やニーズの変化を把握し、マーケティングの最適化や売り上げの向上、新たなビジネスの創出などに活かすことができます。事業活動を継続させるためには**トップライン**[4]の向上が不可欠であり、その取り組みを効率化・高度化する、もしくはその取り組みを増やしていくための手段として、個人データの有用性が注目されています。

本章では、個人データ活用が注目されている背景を解説したのち、実際の活用事例をいくつか紹介していきます。まずは背景事情から確認していきましょう。

1-1 個人データ活用が活発化している背景

近年、個人データを含めて、我々の生活に関するデータが膨大に蓄積さ

---

1 「個人データ」の正確な定義は 5 章で説明します。
2 本書における「事業者」は、民間企業や行政機関など、データを活用している／しようとしている主体を指します。
3 本書における「ユーザー」は、サービスの利用者や顧客や住民など、活用される個人データを保持している主体を指します。
4 損益計算書の一番上に記される項目のこと。一般に、売り上げや顧客数などを指します。

れるようになり、それらのデータをビジネスや社会貢献に活用していく動きが活発になっています。

たとえば、動画サービスを利用すると「あなたにおすすめのコンテンツ」などが表示されることがあります。これは、動画サービス側のシステムがあなたの閲覧データを活用して、あなたの好みに合いそうな動画を選出しているからです。また、近年はスマートウォッチなどで健康管理をしている方も多いと思いますが、最初に同意していれば、デバイス経由で取得される身体データなどはサービス側に提供されています。あなたの身体データに基づき健康上のアドバイスをくれるアプリなどがあると思いますが、それも個人データをはじめとした生活のデータが蓄積されて、分析や活用がされているからです。

分析や活用の対象となり得るデータ量が増えれば増えるほど、これまで得られなかった**インサイト**[5]の獲得や、新たなビジネスへの接続などが期待できるようになります。そのため、事業者にとってこれらのデータを活用しない手はありません。

なかでも個人データは、マーケティングやヘルスケアサービス、生活者支援、まちづくりなど、幅広い活用用途が存在します。これらの活用用途はすなわちビジネスチャンスと言い換えられるため、データは取得可能な量だけでなく、潜在的な価値にも注目が集まっています。

個人データの活用トレンドを支える要因としては、ビッグデータの台頭や技術基盤の進化、データドリブン社会への移行が考えられるため、まずはそれらについて紹介します。

① ビッグデータの台頭

ビッグデータ（Big Data）には、現時点で明確な定義は存在していませんが、一般的に「①多種（variety）」かつ「②多量（volume）」で「③高速処理（velocity）」機能を持つことが共通の特徴とされています。これら

---

5 データを分析した際に得られる知見のこと。あるいは、顧客やユーザーが無意識のうちに抱いているニーズのこと。潜在ニーズと近い言葉です。

の3つの特徴を、3つのVと呼ぶことがあります。それぞれの特徴について見ていきましょう。

1つめの特徴の「多種」は、「ビッグデータはさまざまな内容や形式のデータを含んでいる」ということです。たとえば、データの内容であれば、以下のようにさまざまな種類が挙げられます。

① ソーシャルメディアに投稿される文章や画像などのデータ
② インターネット上で公開されているウェブサイトのデータ
③ 日々の業務などで生成されるオペレーションデータ
④ サービスや商品に関するユーザーのデータ
⑤ センシングデバイス経由で取得されるデータ

④と⑤は、どちらもサービスやデバイスなどを利用している個人に紐づくデータ（≒個人データ）です。このように、近年おおいに活用されているビッグデータは、個人データも含んでいます。

図1-1は、総務省「平成24年版 情報通信白書」を参考にして、上の①～⑤のような多様な内容のデータを図示したものです。

図1-1　ビッグデータに含まれる多様なデータ

これらのデータは、当該データを保有する主体者別にも分けることができます。表1-1は、総務省の「平成29年版 情報通信白書」を参考に、大きく4つに分類したものです。④の「パーソナルデータ」は、本書で主に論じる「個人データ」を含むものです。

表 1-1　データの種別

	①オープンデータ	②ナレッジデータ	③M2M データ	④パーソナルデータ
保有者	政府（国、地方公共団体）	事業者（民間企業、研究機関）	事業者（民間企業）	個人
内容	・公共情報を二次利用しやすい形式に加工したデータ ・基本的に、誰でも無料で閲覧・再配布・二次利用（営利目的を含む）できる	・事業者が日々の事業運営のなかで蓄積／形式知化した、パーソナルデータ以外のデータ ・機密性が高く、限定者の間でしか共有／提供されない	・企業が保有する機器（工場など生産現場のIoT機器）や、個人が保有する機器（ICT デバイスや家電、自動車など）からセンシングされたデータ	・生存する個人に関する情報で、氏名、生年月日、住所、顔写真などにより特定の個人を識別できる情報（個人情報保護法より）
主な提供先	事業者、個人	事業者	事業者、個人	事業者、政府

それぞれについて、簡単に説明します。

① **オープンデータ**

　政府が提供するデータのこと。国や地方公共団体が保有するデータを公開したもので、事業者や個人に幅広く提供される

② **ナレッジデータ**

　企業が提供する、自社の知見やノウハウに基づくデータのこと。各事業者において自社のサービスや商品の開発・提供に向けて活用されている。最近では**オープンイノベーション**[6]や**コンソーシアム**[7]の

---

6 自社内外のイノベーション要素（豊富な知識やアイディア、ノウハウ、技術など）を共有することにより、新たな発想や技術革新につなげること。
7 複数の企業や団体などが共同事業体を構成して、共通の目的や目標に向かって活動や資源の蓄積を行うこと。

1-1　個人データ活用が活発化している背景　｜　005

取り組みにおいて、自社のナレッジデータを他社と共有して新規事業に活かす動きも活発になっている

③ **M2M**（Machine to Machine）**データ**

企業が提供する、**IoT 機器**[8] から得られるデータのこと。個人が所有するさまざまな機器（家電、自動車、その他デバイスなど）から得たデータ、もしくは事業者から直接収集・分析したデータに付加価値をつけて、個人や事業者、または政府に提供されている

④ **パーソナルデータ**

個人の属性に関するデータのこと。個人から事業者へ提供され、事業者側で適切な加工や分析を実施したうえで、付加価値をつけて個人や事業者、または政府に提供されている

このように多様なデータを組み合わせて活用することで、課題解決のための新たな解決策の獲得が期待できます。そのため、多様なデータを多様な**ステークホルダー**[9] 間で、適正かつ円滑に循環させるためのしくみやルールづくりが進んでいます。

また、ビッグデータはデータの内容や保有する主体だけでなく、その形式もさまざまです。ビッグデータのデータ形式は、以下のように大きく 3 つに分類されます（表 1-2）。

それぞれについて、簡単に説明します。

- **構造化データ**：行と列で構成される、いわゆる表形式で整理されたデータ
- **半構造化データ**：非構造化データを利用目的に合わせて任意に形式化したデータ

---

8 インターネットを活用した取り組みのための機器の総称。スマートフォンやタブレットをはじめ、それらによってリモート操作される家電や照明、空調機器、スマートウォッチなども含まれます。

9 組織やプロジェクトの利害関係者のことで、企業であれば顧客や取引先だけでなく、自社の社員や関連する行政機関、政府なども含みます。

表1-2 データの形式

構造化データ	半構造化データ	非構造化データ
・あらかじめ定められた形式や構造に従って格納されるデータ ・行と列によって構成される「表形式のテーブルデータ」が代表的であり、それらのテーブルデータを関連づけた集合体がリレーショナルデータベースと呼ばれる（RDB：Relational Database）	・非構造化データにフレキシブルな構造を与えたデータ ・集めたデータに合わせて名前（タグ）をつけ、そのデータを利用目的に合わせて任意のデータ構造に当てはめる ・NoSQL とも呼ばれる	・構造化データや半構造化データ"以外"のデータ データの形式や内容に規則性がない ・画像や動画、音声、テキストデータなど、インターネットや電子機器を通して取得される

・**非構造化データ**：データの形式や内容に規則性がないデータ

　以上のように、ビッグデータは内容も形式も実に多様です。

　続いて、2つめの特徴の「多量」について見ていきましょう。総務省の「平成24年版 情報通信白書」には、以下のように記載されています。

　その量的側面については（何を「ビッグ」とするか）、「ビッグデータは、典型的なデータベースソフトウェアが把握し、蓄積し、運用し、分析できる能力を超えたサイズのデータを指す。この定義は、意図的に主観的な定義であり、ビッグデータとされるためにどの程度大きいデータベースである必要があるかについて流動的な定義に立脚している。…中略…ビッグデータは、多くの部門において、数十テラバイトから数ペタバイト（a few dozen terabytes to multiple petabytes）の範囲に及ぶだろう。

　つまり、どの程度のデータ量があれば"ビッグデータ"として扱われるのかについては明確な基準がなく、あくまで事業者の主観で判断され得るということです。一般的にビッグデータの分析・活用事例としてよく挙げられるデータはSNS上の行動データ、オンラインショッピングの購買

1-1　個人データ活用が活発化している背景 ┃ 007

データ、交通情報や GPS などの位置データなどであり、具体的なデータ量を把握せずとも相当大きなデータ量であることは想像しやすいと思います。

3つめの特徴の「高速処理」とは、日々逐次膨大に生成・取得されるデータを高速処理によってリアルタイムに分析・活用することです。リアルタイムに近い速さでデータを処理することで、最適かつ快適な体験や安心・安全の提供など、ユーザーの期待値に応じたサービスを提供可能です。同時に、生産効率の最大化や設備トラブルの早期発見など、事業者側の期待値に応じた改善や効率化も実現可能です。リアルタイムでデータを収集・分析・活用できると、膨大なデータの恩恵を余すことなく受けることが期待できます。

現在、「多様で大量かつ高速に処理される」という特徴を有するビッグデータを、生成・取得・蓄積するための基盤が整備されつつあります。そのなかに個人データも含まれており、さまざまなビジネスにおいて活用されているため、ビッグデータ台頭の流れのなかで個人データ活用が注目を集めているのです。個人データのビジネスでの活用例については、1-2 節で説明します。

② デバイスや IT 基盤の進化

ビッグデータが台頭してきた背景には、デバイスや IT 基盤の進化があります。**デバイス**とは端末という意味で、パソコン・スマートフォン・タブレット・ウェアラブルデバイスなどの機器のことです。また、ここでいう **IT 基盤**とは、クラウド・サーバー・ストレージ・ソフトウェア・通信環境などのことです。

デバイスや IT 基盤の処理性能が向上することで、大量のデータをデバイスから生成・取得できるようになりました。また、生成・取得されたデータを、デバイス間やクラウド間でスムーズに共有できるようになりました。さらに、収集されたそれらの膨大なデータを、高速かつ効率的に処理できるようにもなりました。

最初に例に挙げたスマートウォッチなどのウェアラブルデバイスは、デバイス自体やIT基盤の進化によって実現したものの代表例です。スマートウォッチは、内蔵されたセンサーによって心拍数や血中酸素濃度を計測し、その値をリアルタイムでサービス側のサーバーやクラウドに提供しています。

③ データドリブン社会への移行

　デバイスやIT基盤の進化に伴ってビッグデータの活用幅が広がるなかで、組織や社会も膨大なデータを収集・解析することで得られるインサイト、事業機会に価値を感じ始め、多くの意思決定がデータに基づいて行われるようになってきました。

　たとえば、会員データ・購買データ・取引データなどの顧客データを保有している企業は、これらのデータの分析を通して、より細やかなサービスや商品を提供し、競争力を高めています。また、医療データ・健康診断データ・生体データなどの健康データの分析を通して、ユーザーの生活特性や行動特性に合わせた健康増進サービスを提供している企業もあるでしょう。ほかにも、**スマートシティ**[10] や**スーパーシティ**[11] などの取り組みにおいて、地域住民の生活や健康、移動などに関するデータを分析して、最適かつリアルタイムにライフサービスを提供することも可能でしょう。

　このように、ビッグデータを活用することで、サービスの幅の広がりや質の向上を期待できます。そして、こういったパーソナライズされたサービスや商品の開発においては、個人データの収集・解析が必要となります。そのため、多くの事業者が個人データの価値とその活用について注目しているのです。

---

10 情報通信技術（ICT）などの技術目線、手段ベースな構想に基づき、エネルギーを起点とした「個別分野特化型」を特徴とする、都市課題に対する持続可能な開発、展開、促進の取り組みのこと。
11 住民、暮らしなどの目的ベースな構想に基づき、多彩なデータを分野横断的に収集・整理して、データ連携基盤（都市OS）を基にさまざまなサービスを提供する取り組みのこと。

個人データの活用における巧拙は、今後の事業者の競争力を大きく左右していくと考えられます。

Column 01
テクノロジー VS 法規制

　私たちの生活のあらゆる情報がデータ化され、それらのビッグデータを活用する技術も急速に発展しています。

　とくに、広告業界では、データを活用したターゲティング広告が急速に進化しており、**アドネットワーク**[12] や **DSP**（Demand Side Platform）[13]、**SSP**（Supply Side Platform）[14]、**DMP**（Data Management Platform）[15]、**CDP**（Customer Data Platform）[16] など、多様なソリューションが存在します。また、広告業界に限らず、収集したデータを活用して AI モデルを開発するケースも増えています。

　これらの技術により、事業者はユーザーの属性データや行動データに基づいてパーソナライズされた広告を配信することが可能となっています。しかし、そのような個人データの流通やその複雑化が進む一方で、法規制のほか、プライバシーや倫理に関するガイドラインなどがそのスピードに追いついていません。

　このため、個人データの取り扱いに関してはグレーゾーンが多く存

---

12 広告主が広告を出稿できる媒体（Web サイトや SNS などのメディア）を集めた広告配信ネットワークのこと。アドネットワークの目的は広告配信を最大化すること。

13 広告主が複数の広告在庫（各メディアの広告出稿スペース）の買いつけや入札、ターゲティング、掲載面などを一括管理できるしくみ。DSP の目的は広告効果を最適化すること。

14 広告枠を提供している各メディアが収益性の高い広告を自動で選定・配信するためのしくみで、DSP と連携して活用される。SSP の目的は広告媒体の収益を最大化すること。

15 さまざまなデータ（自社で取得したユーザーの属性情報や、外部ツールで取得した Web サイト内でのユーザーの行動履歴など）を管理し、マーケティング施策に向けたセグメンテーションやターゲティングを行うプラットフォームのこと。

16 事業者が保有するユーザーの属性データや行動データを、ユーザー（ID）単位で収集・統合・分析するためのプラットフォームのこと。

在し、事業者は、自社の保有する個人データの適切な取り扱いや漏洩対策、炎上やレピュテーションリスク対策に対して、これまで以上に注意を払う必要が生じています。

1-2 個人データの活用事例

個人データは、さまざまな分野で強力なビジネスツールとして活用されています。その活用の幅は、以下のように多様に広がっています。

- ・パーソナライズされたサービスをユーザーや顧客に提供する
- ・効果的なマーケティングを通して広告コストを最適化する
- ・個人の行動パターンや将来のトレンドを予測する
- ・予防医療や健康管理に役立てる
- ・最適な教育プログラムを生徒に提供する

ここでは、代表的な活用事例を4つ見ていきましょう。

① マーケティング

比較的想像しやすい個人データの活用事例として、マーケティングの高度化が挙げられます。

個人データを活用したマーケティングでは、まずユーザーの興味関心や購買などの行動履歴を分析し、思想・性格・特性・ニーズなどに基づき顧客を分類（**セグメンテーション**）します。そして、分類した顧客層（**セグメント**）のうち、自社のサービスや商品のターゲットとなり得る層に対して、最適な広告やプロモーション、キャンペーンを打ちます。

以下は、個人データを活用したマーケティングの例です。

1-2 個人データの活用事例 | 011

- ユーザーの商品の購買履歴を分析して、同時購入確率の高い商品をレコメンドする
- ユーザーのテレビ視聴データを分析して、テレビ CM が特定商品の購買にどの程度影響を与えたのか、その効果を測定する
- ユーザーの EC サイトの使用履歴（購買履歴、閲覧履歴）を分析して、販売商品の併売キャンペーンを実施したり、EC サイトを使用しやすい仕様に改修する
- ユーザーの位置情報を分析して、最適なルート案内や行動予測結果に基づくサービス・商品の広告を配信する

② ヘルスケア

　最近増えている個人データの活用事例として、健康管理や健康増進に関するサービス・商品の提供が挙げられます。

　ユーザーの日々の活動量・行動特性・健康状態・消費傾向（購買傾向）などのデータは、各種データの相関関係・因果関係を検証して、健康リスクの予測・特定や予防医療の提供に役立てられています。また、健康食品やサプリメントなどの商品や、適切な医療や健康増進プログラムなどのサービスの提供にも役立てられています。

　以下は、個人データを活用したヘルスケアの例です。

- ウェアラブルデバイスから収集したユーザーの日々の活動量と定期健康診断結果を分析して、活動傾向と健康状態の相関関係や因果関係を検証する。また、適切な医療サービスや不調予防に関する情報を適時提供する
- ユーザーの日々の活動量と臨床データを分析して、活動傾向と疾患リスク、もしくは活動傾向と健康状態の相関関係・因果関係を検証する。また、適切な医療サービスや予防医療に関する情報を提供する
- ユーザーの購買履歴と健康状態を分析し、消費傾向と健康リスクの相関関係や因果関係を検証する。また、健康リスクの予測と適切な商品をレコメンドする

③ 生活者支援

　ユーザーが自らの意思で個人データを管理する**パーソナルデータストア**（**PDS**：Personal Data Store）や、ユーザーが自らの意思で個人データの提供範囲や提供先を指定する**情報銀行**（情報信託機能）という取り組みがあります。PDS とは、ユーザーの個人データを蓄積・管理するシステムやしくみのことで、情報銀行とは、PDS のシステムを活用してユーザー自身が自身のどの個人データをどの事業者に提供するのかを判断・管理できるサービスです。こういった取り組みのことを、本書では**生活者支援**と呼びます。

　これらのしくみを利用すると、ユーザー側は自分の個人データの取り扱いに関するコントローラビリティを高められます。同時に、事業者は安心して個人データを収集・分析・活用できます。つまり PDS や情報銀行は、個人データの提供元と提供先の双方が、互いにメリットを享受するしくみと考えられます。

　以下は、個人データを活用した生活者支援の例です。

- ・性別、年齢、居住地、家族構成などのユーザーの属性情報を、ユーザー本人の同意を得たうえでサービス提供者に提供し、サービス提供者からユーザーに向けてキャンペーンやイベント、また地域情報を発信する
- ・健康情報、アレルギー情報、検査結果、処方データ、エコー画像などのユーザーの医療情報を、ユーザー本人の同意を得たうえで研究機関やサービス提供者に提供し、サービス提供者からユーザーに向けて医療サービスや健康増進サービスを提供する

④ スマートシティ／スーパーシティ

　時代とともに変化する人口増減やエネルギー消費などの社会問題、住民の価値観やニーズに合わせた最適な都市運営の継続を目指すスマートシティやスーパーシティなどの取り組みも、国内の各地方都市で進行してい

ます。

　地方自治体の保有する個人データを含む行政データと、民間事業者の保有する個人データとを活用し、最新のテクノロジー（AI・センシング・ブロックチェーン・ロボット技術など）も取り入れて、都市機能の高度化や地域課題の解決を図る構想です。

　以下は、個人データを活用したスマートシティ／スーパーシティの例です。

・ユーザーの健康状態や身体の機微情報に基づき、日常生活時における最適な移動ルートや移動手段をユーザーに提供する。また災害時における最適な避難ルートや避難手段をユーザーに提供する
・ユーザーの健康寿命の延伸に向けて、オンライン診療や予防医療サービス、自宅と診療機関／病院間の送迎サービスを提供する
・ユーザーに対する支援・手当支給状況や、ユーザー（子ども）の健康状態・学校成績・通学状態を分析し、支援が必要な家庭を推測して行政の職員が介入を検討、判断する

　以上のように、個人データはビジネスや研究分野、行政サービスなどにおいて、さまざまな活用法が考えられます。ここで挙げたような活用法は、ユーザーにとっても有益なものだといえます。

　しかし、個人データの活用がユーザーにとって有益であったとしても、事業者が自社の保有する個人データの適切な管理や活用ができなかった場合には、ユーザーに損害を与えたり社会的に強く非難されたりします。次章では、個人データに関する炎上の事例を見ていきます。

2章

プライバシー保護と「炎上」

2.1 個人データに対する社会的関心の変化

2.2 個人データに関する炎上・対応事例

2.3 事業者に求められる
プライバシー保護の具体的施策とは

前章で述べたとおり、さまざまな分野で活用が進んでいる個人データですが、その取り扱いに関する法規制は世界的に見て強化される傾向にあります。また、プライバシー保護に対する社会の関心も日に日に高まっています。

　本章では、日本国内における個人データの法的位置づけについて、個人データを取り扱う実務担当者が知識として最低限理解しておくべき内容を説明します。併せて、プライバシー保護が社会的に注目され始めている背景や、実際に問題となった個人データの活用事案を紹介します。

2-1 | 個人データに対する社会的関心の変化

　まずは、プライバシー保護が社会的に注目され始めている背景を見ていきましょう。

　デジタルデバイスやインターネットの利用頻度の増加に伴い、日常生活のデータ化が進行しています。これは1章で述べたように、サービス利用時の行動ログや、ウェアラブルデバイスでの身体情報の記録などが、ごく当たり前に取得されサービスの向上などに利用されるようになった、ということです。個人データやビッグデータの活用は、事業者にとっては精度の高いマーケティングやターゲティングを可能としますし、ユーザーにとっては最適化されたサービスを享受できるため生活の利便性が高まる可能性を秘めています。しかし同時に、プライバシー侵害のリスクも比例して高まっています。

　たとえば、ウェブ広告の閲覧履歴や商品の購買履歴などの行動履歴からは、属性情報・好み・趣味嗜好・思想・信条などが類推できます。また、IoT機器で収集した健康データや活動量データが何らかのかたちで個人に関する識別子と紐づくと、個人が特定されてしまうリスクが考えられます。たとえばスマートウォッチは位置情報を取得しているものも多いですから、その情報が個人情報と紐づいてしまえば、あなたの自宅の住所や行動パターンが他人に知られてしまう、ということです。

また、センシング機器（AIカメラなど）から取得された情報や、インターネット上の検索・行動履歴などが、知らないあいだに事業者によって収集・蓄積・統合・分析されるという問題も出てきています。個人データの収集や分析には、収集範囲や利用内容の事前の告知と、必要に応じてユーザーの同意が必要です。しかし、「ポリシーに記載されている範囲を超えて利用されていた」「告知方法がわかりづらく、ユーザーには同意したという認識がなかった」などケースが出てきています。個人データを提供しているという認識がないまま、自らの意思を反映させる術もなく個人データが取得されることは、**本人の同意なき行動トラッキング**として社会的な問題になっています。

　そういった背景から、プライバシー保護に対する社会的な関心が高まるとともに、プライバシー保護の概念も変化してきています。そもそも**プライバシー**とは「私生活上の情報や個人の秘密」を意味する言葉で、同時に、それらに対して他者から干渉されず勝手に開示もされない権利という意味も持ちます。ただし法律などで明文化された権利ではない[1]ため、プライバシーの定義や考えかたは、19世紀から現在に至るまで議論が続いています。

　当初は「私生活に関与されない権利」や「私生活を公開されない権利」と考えられていました[2]が、時代の変化により、それらに加えて個人情報のコントロールも重要視されるようになりました[3]。これは「自身に関する情報を誰にどこまで公開するのか決定できる権利」や「自身に関する情報を保有している事業者に対して、その開示や訂正、削除を行わせることができる権利」のことです。このようにプライバシーの考えかたは時代に合わせて変化しており、今後も変わっていくことが予想されます。

---

1 日本では憲法にプライバシー権の記述はありませんが、憲法13条の「人格権」の一部とする解釈が一般的です。プライバシーに関する法律については、3章でくわしく説明します。
2 S. D. Warren and L. D. Brandeis. "The Right to Privacy" Harvard Law Review, vol. 4, no. 5, pp. 193-220, 1980.
3 A. F. Westin. "Privacy and Freedom" New York: Atheneum Press, 1967.

以上のような背景から、プライバシー保護に対する社会的な関心が高まり、かつプライバシー保護で考えなければならない範囲も広がってきています。その結果として、個人データを取り扱う事業者に対して、ガバナンスの強化（プライバシーガバナンスの強化）を求める動きや事例も発生しています。

　ガバナンスとは、一般的に、法令や規則を遵守させるための管理体制を構築・維持することを意味します。**プライバシーガバナンス**とは、個人データの活用とプライバシー保護を両立するためのしくみです。プライバシーガバナンスについては、4章でくわしく説明します。

2-2 個人データに関する炎上・対応事例

　個人データの取り扱いが問題とされた事案はいくつかありますが、本書では、大きく分けて以下の3つが原因で問題や話題となった事案の一部を紹介します。

　① 個人情報の漏洩
　② 個人情報の不適正利用
　③ 地域住民に対する説明不足

「個人情報の漏洩」については、以下3つの事案を取り上げます。

　・外部委託先による個人情報漏洩（2023年3月）
　・ランサムウェアによる個人情報漏洩（2023年6月）
　・クラウド環境の設定ミスによる個人情報漏洩（2023年7月）

「個人情報の不適正利用」については、以下3つの事案を取り上げます。

- ・利用者への説明不足による炎上（2013 年 7 月）
- ・本人同意がないデータ外販による炎上（2019 年 8 月）
- ・プライバシー侵害リスクによる炎上（2023 年 9 月）

「地域住民に対する説明不足」については、以下 3 つの事案を取り上げます。

- ・ベネフィットの説明不足による市民からの支持率低迷（2018 年）
- ・市民目線の不足によるスマートシティ構想の終了（2022 年）
- ・監視社会や本人同意がないデータ提供に対する懸念によるスマートシティ計画の中止（2020 年）

1 つずつ見ていきましょう。

① 個人情報の漏洩

・外部委託先による個人情報漏洩

「個人情報の漏洩」に関する 1 つめのケースは、外部委託先の派遣社員が、業務用 PC から個人契約する外部ストレージへアクセスして、不正に大量の個人情報を持ち出した事例[4] です。

経緯
- ・被害企業の業務委託先である会社の元派遣社員が、業務用 PC から個人契約している外部ストレージに業務用 PC でアクセスし、個人情報を含む業務情報を不正に持ち出した
- ・漏洩した個人情報の件数は約 596 万件

---

4 個人情報保護委員会「株式会社 NTT ドコモ及び株式会社 NTT ネクシアに対する個人情報の保護に関する法律に基づく行政上の対応について」https://www.ppc.go.jp/files/pdf/240215_houdou.pdf

主な原因

・外部委託業者の管理監督やセキュリティに配慮したファイル共有運用（暗号化によるアクセス制御をファイル単位で施すなど）が行き届いておらず、委託先の従業員による故意の情報持ち出しを発生させてしまったこと

・被害企業が、外部委託業者の管理規程が不適合であると知りつつも、速やかに技術的な対応（作業データの当日中の全削除、業務上不要な私的インターネット接続の禁止、社外へのデータ送信時の手動暗号化徹底など）を行うことが困難であると判断し、期限つきで許容したこと

主な対応

・個人情報保護法に則した対応
  ◦個人情報保護委員会へ報告、本人へ通知
・サービスを利用するユーザーへの対応
  ◦影響を受けたユーザーに対する報告、謝罪
・再発防止策の検討、実施
  ◦個人情報管理体制の強化
  ◦セキュリティツールによる監視強化、定期的なセキュリティ監査の実施
  ◦情報セキュリティ研修の徹底、個人情報の取り扱いに関する役員及び全従業員の意識向上

　以降の事例でも頻出しますが、個人データを流出してしまった場合、個人情報保護法に則った対応が必要となります。個人情報保護法については、3-2節でくわしく説明します。

・ランサムウェアによる個人情報漏洩

　「個人情報の漏洩」に関する2つめのケースは、ランサムウェアによる被害事例[5]です。**ランサムウェア**とは、ユーザーのパソコンやクラウドなどに保存されているデータを暗号化もしくはアクセス不能にして使用でき

ない状態にしたうえで、そのデータを複合するもしくは情報流出を停止するための対価（金銭など）を要求する不正プログラムのことです。この事例では、ランサムウェアによって業務システムが停止に陥り、ステークホルダーにまで影響が及びました。

経緯

- 被害企業の情報ネットワーク内の複数のサーバーがサイバー攻撃を受け、サーバー上のデータが暗号化された
- この攻撃により暗号化されたデータへのアクセスができなくなり、システムが停止し、当該サービス（人事労務システム）の対象である3,000以上のユーザー（社労士）やエンドクライアント（事業会社）の大半に対して正常にサービスを提供できない状況となり、再構築を余儀なくされた
- 情報漏洩の有無については、何らかのデータが攻撃者によって窃取された可能性は完全に否定できないが、情報窃取およびデータの外部転送などに関する痕跡は未確認

主な原因

- ユーザーや管理者権限のパスワードルールが脆弱（パスワードの最小文字数が8文字など）で類推可能であり、アクセス者の識別と認証に問題があったこと[6]
- ソフトウェアのセキュリティ更新が適切に行われておらず脆弱性があったこと
- 不正アクセスを迅速に検知するしくみ（アクセスログの保管や管理、監視体制など）が整っていなかったこと

---

5 個人情報保護委員会「株式会社エムケイシステムに対する個人情報の保護に関する法律に基づく行政上の対応について」https://www.ppc.go.jp/files/pdf/240325_houdou.pdf
6 株式会社エムケイシステム「【eNEN】セキュリティ強化の為、パスワードポリシーが変更されます」https://www.mks.jp/enen/news/20230922/

主な対応

- ・個人情報保護法に則した対応
  - ◦個人情報保護委員会へ報告、本人へ通知
- ・サービスを利用するユーザーへの対応
  - ◦影響を受けたユーザーに対する利用料免除
  - ◦再発防止策の検討、実施
  - ◦外部専門機関による調査、外部専門機関と連携した情報セキュリティ強化および再発防止策の検討、実施
  - ◦業績予想の修正
  - ◦株主向け報告、決算内容の修正

　ランサムウェアについては、当事例に限らず、2024年6月に国内出版大手であるKADOKAWAが攻撃を受け、サービス停止や個人情報漏洩を発生させ大きな話題になっています[7]。ランサムウェア攻撃からデータを守る、もしくは攻撃を受けた後の影響を最小限にとどめるためには、システム視点とマネジメント視点それぞれで対応が求められます。

　システム視点では、まずは攻撃の対象となるシステムやパスワードの脆弱性を低減させることが大切です。警察庁のデータ[8]によると、仮想プライベートネットワーク（VPN）機器経由の感染が63%と最も多いため、ユーザーは常に最新のバージョンでシステムや業務アプリケーションを利用することや不正プログラムを検知・隔離するしくみの導入、パスワードを強化（複雑性を持たせる、二重認証のしくみを採用するなど）することなどが求められます。加えて、定期的かつ高頻度にシステムのバックアップを取っておくことが、万一攻撃を受けた際の復旧を早め、ビジネスへの影響を低下させることにつながります。

　またマネジメント視点では、情報セキュリティやプライバシー保護に関

---

7 Bloomberg「「カドカワ」は他人事にあらず、ランサムウェアへの備えと対応」https://www.bloomberg.co.jp/news/articles/2024-07-05/SG12MOT0G1KW00
8 警察庁「令和5年におけるサイバー空間をめぐる脅威の情勢等について」https://www.npa.go.jp/publications/statistics/cybersecurity/data/R5/R05_cyber_jousei.pdf

する研修や教育の機会を設け、日頃のデータのアクセスや取り扱いを慎重に行う習慣を身につけることが必要です。

・クラウド環境の設定ミスによる個人情報

「個人情報の漏洩」に関する3つめのケースは、クラウド環境の設定ミスにより個人情報の漏洩可能性が指摘された事例[9]です。被害企業である自動車メーカーは、個人情報保護委員会より、適切な従業員教育、適切なアクセス制御、委託先の適切な監督の実施を要求されました。

経緯

- 被害企業（自動車メーカー）は、関連会社であるA社に対し、対車両利用者のサービスに関する個人データの取り扱いを委託していた
- A社のクラウド環境の誤設定に起因して、両サービスのサーバーが公開状態に置かれていた
- サーバーには、約10年間にわたって両サービス利用者の車両から収集した約230万人分の個人データがあり、外部から閲覧できる状態にあった
- 閲覧可能だったデータは、車載機ID・車台番号・車両の位置情報・更新用地図データ・更新用地図データの作成年月日など

主な原因

- 従業員に対する個人情報に関する研修が不十分（個人情報として扱うべき情報（車載機ID、車台番号及び位置情報など）の理解・認識不足など）であり、適切な取り扱いが行われていなかったこと
- サーバーのクラウド環境について、アクセス制御の観点で監査や点検を実施していなかったこと、またクラウド設定を継続的に監視するしくみが導入されていなかったこと

---

9 個人情報保護委員会「トヨタ自動車株式会社による個人データの漏えい等事案に対する個人情報の保護に関する法律に基づく行政上の対応について」https://www.ppc.go.jp/files/pdf/230712_01_houdou.pdf

2-2　個人データに関する炎上・対応事例　023

主な対応

- 個人情報保護法に則した対応
  - 個人情報保護委員会へ報告、本人へ通知
  - 従業者に向けた個人データの取り扱いを周知徹底、適切な教育（人的安全管理措置）
  - 適切なアクセス制御の実施（技術的安全管理措置）
  - 委託先に対する、自らが講ずべき安全管理措置と同等の措置に向けた必要かつ適切な監督の実施（委託先の監督）
- サービスを利用するユーザーへの対応
  - 影響を受けたユーザーに対する報告、謝罪

② 個人情報の不適正利用

・利用者への説明不足による炎上

　続いて、「個人情報の不適正利用」に関する事例を見ていきましょう。1つめのケースは、IC乗車券の利用履歴の外部向け販売において、利用者への説明が不十分であった事例[10] です。

経緯

- 鉄道会社がIC乗車券の利用データを外部企業に提供しようとしたところ、多くの利用者から個人情報保護やプライバシー保護、消費者意識への配慮に欠いた行為であるとの批判や不安視する声が上がった
- 同社が社内に設置した有識者会議によれば、「利用データから氏名、電話番号、物販情報などを除外し、生年月日を生年月に変換したうえ、さらにID番号を不可逆の別異の番号に変換」するといった個人データの匿名加工を実施していた
- また、同社はビッグデータであるIC乗車券のデータの活用について、「これを分析することにより、利用者による駅の利用状況やその

---

10 総務省「平成29年度 情報通信白書のポイント 近年の個人情報に関連して注目を集めた事例」https://www.soumu.go.jp/johotsusintokei/whitepaper/ja/h29/html/nc122110.html

構成を把握することができるので、地域や駅、沿線の活性化に資する、さまざまな分野で活用されることが期待され、利用者はもとより社会一般にとっても有用な基盤となる」という考えを述べている

主な原因
- 個人情報が漏れることへの利用者の不安を払拭できなかったこと（利用者に対し十分な事前説明を行い同意を得ていなかったこと）
- 匿名加工された個人データの利用に関するルールが、当時は未整備であったこと

主な対応
- IC乗車券の利用データの外部企業向け提供を中止
- 外部有識者による経緯の検証

・本人同意がないデータ外販による炎上
「個人情報の不適正利用」に関する2つめのケースは、就活生の内定辞退率を本人の同意なしに予測し、有償で企業に提供した事例[11]です。本件は個人情報保護委員会による勧告・指導を受け、さらに東京労働局による行政指導が実施されました。

経緯
- 人材サービス会社が企業向けに提供していたサービスにおいて、2018年度に対象企業に応募した学生のウェブ行動履歴などを分析して作成したアルゴリズムを使用し、2019年度の学生のウェブ行動履歴に基づいて内定辞退率を予測していた
- 同社は当初「学生からはプライバシーポリシーへの同意をもって、データの提供について同意を得ていた」「提供された情報を、合否判

---

11 個人情報保護委員会「個人情報の保護に関する法律に基づく行政上の対応について」
https://www.ppc.go.jp/files/pdf/191204_houdou.pdf

2-2　個人データに関する炎上・対応事例　｜　025

定に活用しないことに同意した企業にのみ提供していた」などと説明していたが、その後の内部調査によりプライバシーポリシーから「第三者への個人情報提供に関する文言」が抜け落ちていたことが判明。7,983人の学生の個人情報が同意を得ないまま企業に提供されていたことが明らかになりサービスを廃止するに至った

・個人情報保護委員会は、個人データの安全管理のために必要な措置を講じていなかったこと、学生の同意を得ずに第三者に個人情報を提供していたこと、同意のない状態を予防・発見・修正するための管理体制がなかったことなどが「個人情報の保護に関する法律」の規定違反であると指摘。同社に対し、「適正に個人の権利利益を保護するよう、組織体制を見直し、経営陣をはじめとして全社的に意識改革を行うなどの適切な措置を取ること」などを求めた

主な原因

・個人データの安全管理のために必要な措置（委託元である個人情報取扱事業者の個人データを適切に区分して安全に管理するしくみや、法令遵守などに関する適切な判断）を講じていなかったこと

・学生の同意を得ずに第三者に個人情報を提供していたこと（※仮に同意を得ていたとしても、そもそも同意以前に、このような情報を企業に提供することは職業安定法に違反する恐れや倫理的な問題を含んでおり、不適切であったとの指摘[12]もある）

・同意のない状態を予防・発見・修正する管理体制がなかったこと

主な対応

・個人情報保護法に則した対応

　◦個人情報保護委員会へ報告、本人へ通知

　◦個人情報を取得する際における商品などの内容の特定、当該利用目

---

12 厚生労働省「募集情報等提供事業等の適正な運営について」https://www.mhlw.go.jp/content/000576588.pdf

的の通知または公表
  ◦ 委託先に対する必要かつ適切な監督
  ◦ 新しい商品などを検討する際における、法に則った適正な個人情報
    の取り扱いを検討・設計するための体制整備

・プライバシー侵害リスクによる炎上

「個人情報の不適正利用」に関する3つめのケースは、渋谷に100台の
AIカメラを設置し、人流データを取得、解析するプロジェクトの事例[13]
です。

経緯

・東京・渋谷駅周辺に100台の**エッジAIカメラ**[14]を設置し、人流デー
  タの取得・解析結果を、渋滞や混雑時の防犯における警備員配置の最
  適化、事業者のマーケティングなどに活用するプロジェクト（渋谷
  100台AIカメラ設置プロジェクト）
・AIを「まちづくり」に活用するというものだが、公式サイト上に掲
  載されたデータ収集事例では、男性の顔写真と詳細な行動履歴のほ
  か、「通年の行動データがリアルタイムで蓄積」とも記載されており、
  事実上個人を特定できる情報の収集ではないかという指摘が続出
・議論の中心は収集データの幅の広さであり、自身の情報に関するコン
  トローラビリティの低さや事前同意・**オプトアウト**[15]の不明確さが社
  会の不安を煽っている

---

13 ITmediaビジネス「ここまで行くと気持ち悪い」「渋谷をAIカメラ100台で監視」が炎上
なぜ、温度差が生まれたのか？」https://www.itmedia.co.jp/business/articles/2309/07/
news089.html
14 従来はクラウド上でAI解析処理を行うことが主流でしたが、そのAI解析処理を、クラウド
通信する手前のカメラ端末側で行うしくみのこと。通信量の削減（処理速度の向上）やセキュ
リティ強化が期待されています。
15 オプトアウトとは、個人が自分の情報が収集・利用されることを拒否する権利を行使する
プロセスを指します。

- 一企業が自社店舗前や店舗内の人流データを取得して、自社内でのみマーケティングなどに活用する場合は問題ないが、本件は駅周辺の広いエリアに100台ものカメラを設置し、膨大な数の人のデータを取得し、当人の許可なく企業などにそれを提供する。そのため、法律的な問題もさることながら、広義の意味でのプライバシー侵害という問題が出てくる可能性や、個人情報やプライバシーの保護という機微な問題に触れる可能性がある。このように多くの一般人の気分を害する行為には、企業倫理的な問題がある

主な原因
- プライバシー侵害リスク（膨大な数の人の幅広いデータを取得・蓄積することによる個人識別リスクなど）があること
- 公共の場所で個人の顔を識別することに対して、社会的な合意ができていないこと

主な対応
- HP記載内容を修正（下記内容を加筆）してプロジェクトを継続[16]
  - 収集するデータが、人流に関する属性情報およびこれに基づく統計情報であり、個人情報保護法の定義する個人情報に該当しないこと
  - 個人情報を含む映像データの保存をしないこと
  - データの取得においては、地域住民など関係各所と丁寧なコミュニケーションを図るほか、個人情報の取り扱いについては個人情報保護法・総務省および経済産業省の定めるガイドブックを遵守し、有識者のアドバイスも参考に適切な管理を行うこと

---

16 IDEA「HP記載内容の修正について」https://idea.i-d.ai/news/news-post/370/

③ 地域住民に対する説明不足

・ベネフィットの説明不足による市民からの支持率低迷

「地域住民に対する説明不足」に関する 1 つめのケースは、富山県富山市が、市内のほぼ全域に IoT センサーから情報を収集できる基盤（富山市センサーネットワーク）を整備した事例[17] です。本事例では、説明不足により地域住民にメリットが伝わらず反対を受けたため、機会を設けて説明を行いました。

経緯

- 富山市センサーネットワークを 2018 年に市内のほぼ全域に整備（無線通信ネットワーク網を経由して IoT センサーからデータ収集・管理するプラットフォームと、市内の小学生に GPS センサーを配布する事業）
- その推進にあたっては、児童に GPS センサーを持たせること（監視されること）に拒否反応を示す保護者の反対を受け、初年度の市民参加率は 50% となった

主な原因

- 地域住民に富山市センサーネットワークの導入メリットが伝わらなかったこと

主な対応

- 当事業の便益（児童の登下校時の時間別位置情報可視化による安心、交通ボランティアの配置や動員時間の最適化）を保護者全員に説明
- PTA に説明し、地域住民や保護者のデータ分析に対する理解を促進

---

17 富山市「富山市センサーネットワーク事業」https://www.city.toyama.lg.jp/shisei/seisaku/1010733/1010734/1011493/1003035.html

・その後、実証実験を継続中[18]

・市民目線の不足によるスマートシティ構想の終了

　「地域住民に対する説明不足」に関する2つめのケースは、自治体と企業が連携した取り組みにおいて、地域住民との合意形成が進まず、実運用につながる施策を創出できなかった事例[19] です。

経緯

- トヨタ自動車のコネクティッド・シティ[20] と連携した、裾野市独自の取り組み（スソノ・デジタル・クリエイティブ・シティ構想：人口減少と高齢化が進む地方都市の課題を解決し、交通環境整備や農林業振興、災害に強いまちづくりなどを目指す。AI やドローン、アプリのほか、自動運転技術や水素エネルギーなどの活用を想定）を構想
- しかし、2020～2022 年の間で実証実験 43 件→実運用 0 件の結果

主な原因

- 享受利益に関する地域住民との合意形成が進まなかったこと

主な対応

- 2022 年 9 月をもって、スソノ・デジタル・クリエイティブ・シティ構想は終了
- 「デジタル目安箱」[21]「地域に飛び出す市長室」[22] などの市民広聴充実によるニーズ特定、庁内人材育成、サービスや業務の改善、民間事業

---

18 富山市役所「富山市センサーネットワークを利活用した実証実験公募」https://www.city.toyama.lg.jp/shisei/seisaku/1010733/1010734/1011493/1003046.html
19 裾野市 HP「スソノ・デジタル・クリエイティブ・シティ構想って何だ？」https://www.city.susono.shizuoka.jp/material/files/group/12/Susono2102_6-7.pdf
20 トヨタ自動車のプロジェクト（別名：Woven City）で、トヨタ自動車の敷地内で行う民間企業単独の実証都市。人々のリアルな生活のなかで新技術を導入・検証しています。
21 インターネット上のフォームから市民の意見や要望、苦情などを投稿できるサービス。
22 地域のイベントや会合、学校行事・授業、子育て・観光などイベントなど、あらゆる年齢層の市民が集まる場所に臨時「市長室」を設置し、多くの市民の声を市長が直接聞く施策。

者などと連携して地域や市民課題を解決する取り組みを進める予定

・監視社会や本人同意がないデータ提供に対する懸念によるスマートシティ計画の中止

「地域住民に対する説明不足」に関する3つめのケースは、カナダの主要都市であるトロントの事例[23] です。本事例では、トロント東部の臨海地区におけるスマートシティ計画において、地域住民が個人情報の活用に反対し、プロジェクトを断念することになりました。

経緯

- トロント東部の臨海地区に広がる広大な敷地に5,000万ドル規模を投じる計画
  - 町中の取得可能な全データを取得して都市生活を最適化
  - 交通状況や騒音レベル、大気汚染、エネルギー使用量、ゴミ排出量などさまざまなデータを活用
  - 誰が／どこで／どういう行動をしたか、道路横断所要時間といった細かいデータまで収集

主な原因

- 個人情報を含む各種データの保有者が民間企業になることで、収集されたデータが広告など市民生活以外の目的で使われるリスクを地域住民が懸念したこと

主な対応

- 上記懸念を払拭できず、2020年にプロジェクトを断念

3つの事例を見ると、スマートシティやスーパーシティ構想において

---

23 株式会社NTTデータ経営研究所「再び歩み始めたトロント・キーサイドの再開発について：データ利活用を前提としたスマートシティ計画に求められる開発スキームとは？」https://www.nttdata-strategy.com/knowledge/reports/2021/0311/

は、地域住民との合意形成や意識改革といった個人データ活用に対する障壁が依然として高い状況であり、地域住民への丁寧なコミュニケーションや納得性のあるプライバシー保護対策が肝要といえます（表2-1）。

表2-1　スマートシティ／スーパーシティ推進を妨げる主要因

合意形成	・分野の異なる同一組織内における部門間の合意形成が困難 ・関連する民間企業との合意形成が困難 ・地域住民との合意形成が困難
意識改革	・行政職員の場合、仕事量増加に対する抵抗（縦割行政の弊害）、ローリスクに正解を求める職務体質、まずは役所内DXを推進すべきという思想がスマートシティ推進のボトルネックとなりやすい ・地域住民の場合、生活メリットを享受するための個人情報提供に対する意思が弱い
プライバシー保護	・個人情報が都市OSに集約されることによる、プライバシーの侵害や個人情報の漏洩、不正利用リスク ・健康状態の数値化や病気予測による、不公平な扱いや差別の発生リスク
法規制対応	・事業者が国や自治体／機関のデータにアクセスし、AI／データ活用可能な設計になっていない ・現行法上の規制内容がスマートシティサービスに未合致（電動キックボードの利用制限など） ※徐々に規制緩和が進行中（国家戦略特別区域法改正、地域規制のサンドボックス制度など）
分野間のデータ活用	・分野や組織単位でデータが分断しているため、それらを横断したデータ活用・サービス構築が困難 ・ほかのスマートシティアセット（データ活用スキーム）の横展開が困難 ※ベストプラクティス事例が少ないため、現時点では具体的な論点に至っていない
収益性	・基本的に実証的な試みのため、民間企業のプロジェクトで求められる費用対効果や収益性の観点がない ・インフラコスト（イニシャル／ランニングコスト）に対する住民負担が懸念 ※社会実装事例が少ないため、現時点では課題感が薄い

2-3 | 事業者に求められるプライバシー保護の具体的施策とは

　では、上述のような炎上事案や問題を未然に防ぐために、事業者が心掛けるべきことは何でしょうか。その解を探る前に、前提として「プライバ

シー」という概念に対する社会の考えかたや、プライバシー規制のトレンドを認識しておくことが大切です。

① そもそもプライバシーとは

プライバシー権は、日本国内において、実は明示的に認める法律が存在していません。しかし国内判例[24] からも、法的に保護されるべき人格的利益として認められてきていました。そして現在では、従来の「私生活に関与されない権利」や「私生活を公開されない権利」という意味合いから変容し、新たに3つの考えかたが存在しています[25]。

1つめは「自己情報のコントロール権」です。これは、情報の収集・利用・集積および提供の全過程に関して、情報主体（個人）によるコントロールを認めようとする考えかたです。つまり、プライバシーを「自身に関する情報を誰にどこまで公開するのかを情報主体である個人が決定する権利」として捉えます。

2つめは「適正な自己情報の取り扱いを受ける権利」です。これは、個人情報の社会通念上不当な取り扱いを防止するという考えかたです。つまり、プライバシーを「自身に関する情報が他者に利用される際には、標準的に適正な取り扱いを求めることができる権利」として捉えます。

3つめは「適切な評価を受ける権利」です。これは、個人データが処理されることによって個人に対する決定や評価が下される際は、その判断の適切性（目的に対して関連性のないデータを用いて評価決定されることはないか）が確保されるべきという考えかたです。つまり、プライバシーを「提供した自身の情報が目的とは直接関係ないかたちで考慮されることを防止する権利」として捉えます。「目的に対して関連性のないデータを用いて評価決定される」とは、たとえば、入学試験で学力や成績など以外の

---

24 「宴のあと」事件判決（東京地判昭和39・9・28・百I60）、早稲田大学江沢民講演会事件における最判平成15年3月14日（民集57・3・229）、最判平成15年9月12日（民集57・8・973）など。
25 総務省「情報通信政策研究」https://www.soumu.go.jp/main_content/000914704.pdf、岡田淳ら「個人情報保護法」株式会社商事法務、2024年、pp.22-25。

2-3 事業者に求められるプライバシー保護の具体的施策とは | 033

情報（たとえば年齢など）によって合否判定される場合などです。

　個人データを取り扱う事業者は、このような「プライバシー」の概念変化を意識・認知しておくことで、自分たちのデータ活用施策が社会からどのように見られるのか、事前に想定しやすくなります。

② プライバシー規制のトレンド

　加えて、プライバシー規制のトレンド[26]、言い換えると「炎上しやすいネタ」に留意することで、社会的な関心の高さと自分たちのデータ活用施策におけるプライバシー保護意識の強さのギャップを事前に埋めることも期待できます。

　ここでは大きく「プロファイリング」「子どものデータ」「医療データ」の3つの規制トレンドを紹介します。

・プロファイリング（AI を含む）

　プロファイリングとは、個人の属性や行動履歴などのデータを分析し、その人の特性や嗜好を自動的に推測する行為のことです[27]。個人の年齢や性別、職業、趣味などの属性情報と、購買履歴や行動履歴などのデータを組み合わせて分析し、その人がどのような特性や嗜好、関心を持つ人物かを推測します。

　プライバシー保護の視点からは、プロファイリングについて法律と倫理に基づいて留意すべき点があります。

　法律の視点では、利用目的の特定（サービスやプロセスについて、サービス利用者がよりよく理解できる内容の追求）や、プロファイリングしたデータを活用して特定の個人を識別する場合における第三者提供の同意取

---

26 筆者らの所属する企業は個人情報の保護や活用に関するコンサルティングを行っていますが、現場の肌感として近年とくに件数が増えてきたと感じるものをピックアップしています。
27 日本貿易振興機構「「EU 一般データ保護規則（GDPR）」に関わる実務ハンドブック（入門編）」https://www.jetro.go.jp/ext_images/_Reports/01/dcfcebc8265a8943/20160084rev1.pdf
28 PwC「信用スコアリング事業を題材としたプロファイリングの法的課題―個人情報保護、プライバシーの観点から」https://www.pwc.com/jp/ja/knowledge/column/awareness-cyber-security/privacy-articles07.html

得などが必要になります[28]。

　倫理の視点では、仮にプロファイリングに関する対応が適法であったとしても、当該サービスをリリースしたあとに批判的意見が寄せられて炎上する事例が増えています。プロファイリングの目的がそもそも社会的に受け入れられるものであるかどうか（ユーザーに不利益を与える可能性があるか）の審査や、ユーザー目線での積極的かつ明確な説明が求められています。

　プロファイリングについては、すでに GDPR や CPRA[29] では一定の規律が設けられています。国内では、2024 年時点では個人情報保護法に直接的な規制は存在していませんが、過去に個人情報保護委員会や経済産業省、消費者庁などで議論されています。たとえば、本人の意図・想定しない目的での利用や本人にとって不利益となるリスクがないか、消費者の選択肢（ターゲティング広告のオプトアウト、パーソナライズド・プライシングの情報提供など）を確保できるかなど、利用目的を特定する必要がある事例について、個人情報保護法や各種ガイドラインへの盛り込み要否が検討されています。

　また、日本 IT 団体連盟[30] が公表している「「情報銀行」認定 申請ガイドブック ver. 3.0」[31] でもプロファイリングが言及されています。

5.3.2　プロファイリングに関する情報銀行の対応

　いわゆるプロファイリング（パーソナルデータとアルゴリズムを用いて、特定個人の趣味嗜好、能力、信用力、知性、振舞いなどを分析又は予測すること）については、情報銀行が自らこれを行う場合のほか、プロファイリング結果を受け取る場合、提供先第三者へ元データを提供する等の形で関与する場合を含め、関係する各主体において利用目的の特定、透

---

29 いずれもプライバシーに関する法規制で世界的に有名なもの。前者は EU（欧州連合）、後者は米国カリフォルニア州のもの。3-1 節でくわしく説明します。

30 IT を通じて日本の経済成長と豊かな暮らしを実現することを目標に掲げる業界団体であり、一般社団法人。

31 日本 IT 連盟より「情報銀行」認定を受ける場合のガイドブック。

2-3　事業者に求められるプライバシー保護の具体的施策とは　│　035

明性、データの最小化等の点で必要な配慮がなされるよう、情報銀行において対応すべきである。また、データの処理過程、結果の利用方法等の適切性をデータ倫理審査会において審査することが推奨される。

とくに、要配慮個人情報等を推知することにより利用者個人に重大な不利益を与える可能性のあるプロファイリングについては、当該プロファイリングを「要配慮プロファイリング」として、要配慮プロファイリングを取り扱うことのみならず、分析・予測に含まれるロジック（実施する場合）や、利用者個人への影響・リスクに関する有意な情報について明示し、本人同意を得ることが望ましい。また、この際、利用者個人への説明内容、説明方法について、情報銀行における本人関与の実効性を高めるための工夫がなされることが望ましい。

なお、指針 Ver3.0 において情報銀行における要配慮個人情報の取り扱いは、健康・医療分野の要配慮個人情報について取扱要件を満たした場合のみ認めているが、提供される要配慮個人情報を超えて、新たに要配慮個人情報の項目に相当する情報を生成することのないよう注意する必要がある。

一般社団法人 日本 IT 団体連盟 情報銀行推進委員会「情報銀行」認定申請ガイドブック ver. 3.0 pp. 36-37（https://www.tpdms.jp/wp-content/uploads/2024/02/Guidebook_ver3.0.pdf）」より引用

事業者として個人データのプロファイリングを検討する際には、法的対応とリスク対応（倫理的に問題ないか、ユーザーに不利益を与える可能性があるか、炎上やレピュテーションリスク対策ができているかなどの視点による対応）が求められています。

・子どものデータ

教育データやオンライン閲覧履歴、ゲームやアプリケーション利用履歴など、子どもの個人データに関する取り扱いは、個人情報保護法改正における 1 つの焦点になっています。

GDPR やアメリカの **COPPA**[32]（Children's Online Privacy Protection Act）では、一定の年齢未満の子どもの個人情報を収集・使用・開示する際に保護者に通知し保護者の同意を得ることを義務づけるなど、一定の規律が設けられています[33]。日本では、個人情報の保護に配慮しつつ、真に支援が必要な子どもや家庭を見つけてニーズに応じた支援を届けるために、教育や保育、福祉、医療などの個人データの活用について、こども家庭庁でも議論されています[34]。

　主な議論内容は、個人情報の取得においては、個人情報を取得する際には政策目的を明確化したうえで、政策目的を達成するために必要最小限の情報のみについてプライバシーに配慮したかたちで取得することです。また、支援の必要性の判定においては、取得した個人情報を基に判定ロジックを用いて対象者の支援の必要性を判定する場合、判定ロジックによる結果のみに基づいて対象者を判断することは許容されず、人の目による支援などの必要性の確認を補助する材料の１つとすること、などです。

　こどもに関する施策については、これまでさまざまな取組が進められてきたものの、貧困や虐待、不登校、いじめ等の困難な状況にあるこどもは依然として存在している。困難な状況にあるこどもはその実態が見えにくく、支援が届きにくい。これは、こどもに関する教育・保育・福祉・医療等のデータについて、地方公共団体内でそれぞれの部局で管理されているとともに、児童相談所、福祉事業所、医療機関及び学校等の多様な関係機関がそれぞれの役割に応じて、保有する情報を活用して個別に対応を推進しているという状況に起因している面もあると考えられる。

---

32 オンライン経由で子どもから収集される情報を保護者が管理するために設けられた米国連邦法。

33 FEDERAL TRADE COMMISION「Complying with COPPA: Frequently Asked Questions」https://www.ftc.gov/business-guidance/resources/complying-coppa-frequently-asked-questions

34 デジタル庁「こどもに関する各種データの連携による支援実証事業 実証事業ガイドライン（概要版）」https://www.digital.go.jp/assets/contents/node/information/field_ref_resources/e91b13a9-fcee-4144-b90d-7d0a5c47c5f0/9f4be5b1/20230428_news_children_outline_02.pdf

地方公共団体において、関係部局が分散管理しているこどもに関する教育・保育・福祉・医療等のデータを、データガバナンス体制を構築したうえで個人情報等の適正な取り扱いを確保しながら分野横断的に連携させ、潜在的に支援が必要なこどもや家庭を早期に発見し、プッシュ型（アウトリーチ型）の支援につなげることで、今まで気づけなかった支援が必要なこどもや家庭の発見、虐待等の事案が起こる前の早期発見、経験の浅い職員の判断のサポート、情報共有等の効率化や膨大なデータの活用によるアセスメントの質の向上等が期待され、結果として、支援につなげられる可能性を高めることも可能となる。

デジタル庁「こどもに関する各種データの連携に係る 留意点（実証事業ガイドライン）」p.2 より引用
https://www.digital.go.jp/assets/contents/node/information/field_ref_resources/e91b13a9-fcee-4144-b90d-7d0a5c47c5f0/72610307/20220617_news_children_outline_08.pdf

　また個人情報保護法においても、個人情報保護法の３年ごと見直しの検討の方向性において、こどもや医療などの公共性の高い個人情報の利活用と適切な個人の権利利益の保護のありかたが検討されています。

【検討の視点（例）】
① 公益性の高い各分野における個人情報の利活用において、どういったケースであれば公益性が高いと考えられるか、またどのような個人情報の取り扱いであれば安全性が担保できるか等の判断を、どのように行っていくべきか検討すべきではないか。また、あるべき関係府省庁等との連携体制についても検討すべきではないか。
② 我が国として、適切な個人の権利利益の保護を図った上で、国際的に、より円滑なデータの流通を実現するためには、どういった制度的課題があり、またどのような国際的な枠組みにおいて議論を進めていくべきか。

③ 個人の権利利益の保護を担保した上での個人情報の利活用を促進する
ために、民間事業者等の取組を促す動機付けのしくみや支援はどのよ
うにあるべきか。

個人情報保護委員会事務局「個人情報保護法 いわゆる3年ごと見直し規
定に基づく検討（https://www.ppc.go.jp/files/pdf/231115_shiryou-2-1.
pdf）」より引用

　子どものデータ活用においては議論があるため、教育や保育、福祉、医
療などの子どものデータを保持・活用する事業者は、その取り組みにおけ
る公益性や利用目的の明確化、必要最低限の情報収集、最終的に人が支援
要否などを判断する運用に留意する必要があります。

・医療データ

　電子カルテ[35]データ、レセプト[36]データ、健診データ、ゲノムデータ、
がん登録データなど、医療や健康関連のデータを**医療データ**といいます。
これらの医療データには、EUの**EHDS**（欧州健康データスペース）やア
メリカの**HIPPA**（医療保険の相互運用性と説明責任に関する法律）にお
いて、一定の規律が設けられています。それらの規律は当該国のみなら
ず、世界的な健康情報保護の標準としても認知され、医療情報のプライバ
シーやセキュリティに関する世界的な基準となっていることから、日本の
医療業界にも影響を与える可能性があります。

　国内では、医療等情報の利活用に関する検討会[37]が、厚生労働省にて行
われています。また、個人情報保護法の3年ごとの見直しの検討の方向性
において、健康・医療情報に関するプライバシー保護が言及されています。

---

35 患者の診察内容や診断結果、処方薬や経過などを電子データ化したもの。
36 患者が医療サービスを受けたときの会計記録や診療報酬明細書。
37 大学教授や研究員、公益社団法人などのメンバーで構成されたワーキンググループ。主に
医療サービスの提供などに伴い発生する情報の利活用に関する検討を行います。

医療データの活用においては、個人情報保護法などの法律や関連するガイドラインに留意する必要があります。個人情報保護法においては、医療データを学術研究目的で取り扱う場合には、利用目的変更の制限や、要配慮個人情報の取得の制限および個人データの第三者提供の制限に関する規律が、例外的に適用されません。しかし、当該研究の目的が営利事業への転用に置かれているなど、必ずしも学術研究目的で取り扱っているとはみなされない場合には、個人情報保護法の適用除外とはなりません[38]。

　また関連するガイドラインについては、医療・介護関係事業者向け、(国民) 健康保険組合向け、**個人遺伝情報**[39] を用いた事業向けなど、事業内容に応じてさまざまなガイドラインが存在するため、ユースケースに合わせて対象となりうるガイドラインを参照してください。

③ プライバシー・バイ・デザイン

　近年事業者が本格的に実践を始めている考えかたの１つに、**プライバシー・バイ・デザイン**（**PbD**：Privacy by Design）があります。プライバシー・バイ・デザインは、サービスの企画・設計段階から、ビジネス部門と関係部署が一体となってプライバシー保護を意識したサービスデザインを行い、問題を未然に防ぐという考えかた[40] です。

　主な背景としては、利用規約やプライバシーポリシーを通した対応だけでは事業リスクが非常に高いことが挙げられます。2024 年現在では、まだ「商品やサービスがある程度かたちになってから、利用規約やプライバシーポリシーなどの文書を検討する」という流れでの事業立ち上げが一般的です。そのため、法務やコンプライアンスなどのコーポレート部門では、規約やポリシーの作文によって当該商品やサービスの違法性をなるべく除外する、という消極的な対応をすることになりがちです。

---

38 大井哲也ら編著「データ利活用のビジネスと法務」中央経済社、2024 年、pp. 397-398
39 個人情報保護法上の「個人情報」のうち、個人の遺伝的特徴やそれに基づく体質を示す情報を含み、特定の個人を識別することが可能である情報のこと。
40 A. Cavoukian. "Privacy by Design" 2018. https://www.ipc.on.ca/en/resources-and-decisions/privacy-design

しかし、商品やサービス自体にプライバシーに関する問題があった場合、作文では対処できないので、設計やしくみ自体の見直しが必要となってしまいます。そうなると、事業計画や業績に多大な影響を及ぼしかねません。そこで、商品やサービスの企画・設計段階で、**プライバシーリスク**[41]を洗い出す事業者が増加傾向にあります。これがプライバシー・バイ・デザインの考えかたです。

　プライバシー・バイ・デザインでは、問題が発生するたびに対症療法的に対応するのではなく、あらかじめプライバシーを保護するしくみをビジネスモデルや技術、組織に組み込むことを考えます。以下、プライバシー・バイ・デザインの実践に向けた要諦[42]を紹介します。

① プライバシーに対して関心を持ち、その問題解決の必要性を認識すること
② 公正な情報取扱の原則を適用すること
③ 情報のライフサイクル全体（個人データの取得→保管→利用→廃棄など）で、プライバシーリスクを早期に発見し、その顕在化リスクを軽減すること
④ プライバシー対応に関わる指導者や、有識者との情報連携を進めること
⑤ 必要に応じて、プライバシーテックなどのプライバシーリスクを低減させる技術を活用すること

　プライバシー・バイ・デザインの実践においては、**プライバシー影響評価**（**PIA**：Privacy Impact Assessment）というフレームワークを活用できます。くわしくは4章で紹介します。

---

41 本書では、主に「炎上やレピュテーションに関するリスク」と定義しています。法律の視点から識別される違法リスク、システムの視点から識別される情報セキュリティリスクに加えて、プライバシーの視点から識別されるリスクを指しています。
42 総務省・経済産業省「DX時代における企業のプライバシーガバナンスガイドブック ver1.3」https://www.meti.go.jp/policy/it_policy/privacy/guidebook_ver1.3.pdf を参考に記載。

2-3　事業者に求められるプライバシー保護の具体的施策とは ｜ 041

Column 02
プライバシーリスクとは

　一言でプライバシーリスクといっても、リスクを識別する視点によって、リスクの捉えかたが異なってきます。

　たとえば、個人情報保護法の視点では、個人情報を取得するとき、保管するとき、利用するとき、第三者に提供するとき、委託するとき、共同利用するときなど、各場面に関するリスクが考えられます。加えて、匿名加工情報や仮名加工情報を取り扱う場合のリスク、個人情報の活用主体が行政機関の場合は行政機関などに課せられる義務を遵守する際に想定しうるリスクなど、個人情報の活用シーンに合わせたリスク対策が必要になります。

　また、情報セキュリティの視点でも、個人情報を取得するとき、保管するとき、利用するとき、廃棄するとき、委託するときなど、各場面に関するリスクが考えられます。

　そして、プライバシーリスクの視点では、ユーザー（データ主体）に配慮したビジネスや説明がされているかどうか、必要な同意を取得しているか、個人情報の活用施策によってはさまざまなステークホルダーの意見を踏まえた検討がなされているかなど、ユーザーの目線に立ったリスク対策が必要になります。

　さらに、個人情報の活用施策においてガイドラインが存在する場合（例：情報銀行サービスを提供する場合など）には当該ガイドラインの視点に立ったリスク対策が、個人データの越境移転が発生する場合にはデータの移転元／移転先の国のプライバシー法規制の視点に立ったリスク対策が、上述の3つの視点によるリスク対策に加えて求められます。

　プライバシーリスクとは、どのような場合であっても一律的に識別されるものではなく、個人情報の活用施策やリスク対策の目的（情報漏洩防止、不正利用防止、炎上防止など）に合わせた検討が必要です。

3章

個人データと法規制

3.1 プライバシーに関する法規制の国際的な動向

3.2 日本国内のプライバシーに関する法規制

3.3 実務における法規制の影響

現在、プライバシー保護に関する法規制の強化が世界各国で同時進行しています。とくにグローバルに事業を展開している事業者にとっては、自国のみならず、他国のプライバシー法規制の動向や内容を理解した適切な対応が求められています。

　プライバシー保護に関する規制強化の発端は、EU だと言われています。後述する GDPR が 2018 年 5 月に施行されたことを受け、各国がそれに倣うかたちで、プライバシー保護規制の強化に取り組んでいます。日本の個人情報保護法（3-2 節で詳述）も、こういった世界的な規制強化の影響を受けると考えられるため、国内のみで事業を展開している事業者にとっても世界的な潮流は無関係なものではありません。

　本章では、3-1 節で GDPR をはじめとする国際的な法規制の動向を確認したのち、3-2 節で国内の法律やガイドラインを確認し、最後の 3-3 節で実務者が留意するべき点を解説していきます。

3-1 プライバシーに関する法規制の国際的な動向

　まずは、特筆してプライバシー保護規制が厳しい EU の GDPR と、消費者の権利に主眼を置いたアメリカで最も包括的なプライバシー法であるカリフォルニア州の CPRA を紹介します。また、日本が提唱した国際的なデータ流通におけるポリシーである、DFFT も簡単に紹介します。

① EU 一般データ保護規則（GDPR）

　EU 一般データ保護規則（GDPR：General Data Protection Regulation）は、EU 各国において適用される個人データの取り扱いなどに関する法令です。2012 年に草案が公表され、2016 年に採択、2018 年に施行されました。

　本人からの同意取得を基調としていることと、違反時の制裁金の高さやその適用範囲の広さが特徴的な法令で、プライバシー保護に対する規制強化の世界的な潮流を生み出しました。

制裁金は、最大で、「当該企業の全世界における年間売上高の4%」または「2,000万ユーロ」のいずれか高いほうとされており、違反時の制裁金が巨額となる可能性があります[1]。適用範囲も広く、EU居住者の個人データを収集・処理する組織は、EU域外に活動拠点を置く場合でも対象とされるため、注意が必要です。

　日本国内の事業者が主に注意すべき内容は大きく分けて3つあります。なかでも「主に必要となる対応」に違反すると、制裁対象（違反金の支払い対象）となる可能性があります。1つずつ見ていきましょう。

・適用対象となる事業者

　GDPRは、以下の条件に当てはまる事業者に適用されます。

- ・EU域内のデータ主体に対して直接商品またはサービスを提供しており、このことに関連してデータ主体に係る個人データの取り扱いを行っている事業者（拠点の所在地を問わない）
- ・（商品やサービスの提供とは関連しない場合であっても）EU域内のデータ主体の行動の監視に関連した個人データの取り扱いを行っている事業者

・対象となる個人データ

　GDPRでは、識別された自然人、もしくは識別可能な自然人に関する情報のことを、個人データとしています。

　ここでいう**識別**とは、氏名や識別番号、位置データ、オンライン識別子のような識別子、または当該自然人に関する物理的、生理的、遺伝子的、精神的、経済的、文化的もしくは社会的アイデンティティに特有な1つ、もしくは複数の要素を参照することによって、直接的または間接的に特定され得ることを指します。

---

1 日本貿易振興機構「EU一般データ保護規則（GDPR）」に関わる実務ハンドブック（入門編）https://www.jetro.go.jp/ext_images/_Reports/01/dcfcebc8265a8943/20160084rev1.pdf

また、ここでいう**自然人**とは、「当該データの主体」だと思ってもらって差し支えありません。

　つまり、識別された自然人、もしくは識別可能な自然人とは、複数の情報や要素を参照することによって、直接的または間接的に特定された、もしくは特定される可能性のあるデータの主体、になります。

　対象となる「自然人」の幅は広く、国籍や居住地を問わず、出張や旅行などで一時的に欧州域内に滞在している個人のデータも「欧州域内に所在する個人データ」として対象となります。また、欧州域内に所在する個人への商品またはサービスの提供（有償、無償は問わない）も、GDPRが定義する個人データの取り扱いに該当します[2]。

　個人データに該当するデータの幅も広く、「識別可能な自然人に関連するすべての情報」であるため、名前・識別番号・所在地・Email アドレスなどのほか、**IP アドレス**[3] や Cookie（3-3 節にて詳述）などのオンライン識別子も対象となります。

・主に必要となる対応
・EU 域外への持ち出し制限
- 先述した「欧州域内に所在する個人データ」は、データ主体から明示的な同意を取得した場合や特別な契約なしに EU 域外へ持ち出すことができない。ただし、移転先の第三国が欧州委員会から十分性認定されている場合は持ち出し（移転）が許容される
- **十分性認定**[4] とは、データ移転先の国や地域が個人データに対する十分な保護水準を確保していると、欧州委員会が決定すること。十分性認定を取得した国は、データの越境移転においてとくに制約を受けず、**BCR**（Binding Corporate Rules）[5] や **SCC**（Standard Con-

---

2 NTT データ先端技術株式会社「EU 一般データ保護規則（GDPR）の概要（前編）」https://www.intellilink.co.jp/article/column/security-gdpr01.html
3 インターネット上でデバイスを識別するための一意の識別子のこと。スマートフォンやパソコンなどの機器に割り振られる番号です。
4 一般財団法人日本情報経済社会推進協会「十分性認定に関する補完的ルールへの対応」https://privacymark.jp/guideline/operation/suppl_rules/

tractual Clauses)[6]、または本人の同意などの手続きが不要となる。日本も 2019 年 1 月から十分性認定されている

◦ データ移転先所在国が十分性認定を受けていない場合、BCR や SCC などの保護措置が必要

・データ保護影響評価（DPIA）

◦ 2-3 節で紹介したプライバシー・バイ・デザインに関する規定があり、とくにリスクの高い個人データの取り扱いについては事前に影響評価の実施が義務づけられている。この評価を**データ保護影響評価**（**DPIA**：Date Protection Impact Assessment）という

◦ プライバシー・バイ・デザインのフレームワークであり 4 章で説明する PIA と名前が似ており、プライバシーを保護するためのフレームワークであるという点は共通するものの、DPIA は GDPR で定められている独自の評価手法である。「とくにリスクの高い個人データの取り扱い」に該当する場合は、リスクの高低を特定するために、DPIA を継続的に実施・評価する必要がある

◦ 政府機関、もしくは大規模監視を実施する企業や特殊なカテゴリーのデータを大量に処理する企業は、**データ保護責任者**（**DPO**：Data Protection Officer）の選任が求められる

・個人データの取り扱いに関する法的根拠

◦ 個人データの取り扱いそのものについて、一定の適法化根拠が要求される。つまり、適法化根拠がない場合、個人データを取得すること自体が違法となる

◦ 適法化根拠は以下の 6 つ[7]。実務上は、a 号、b 号、f 号の 3 つが比較的よく用いられる

---

5 拘束的企業準則：企業グループ全体で遵守する個人データ保護ポリシーであり、グループ企業と全従業員が法的に拘束されるルール。データ移転元の管轄監督機関が承認します。

6 データの移転元と移転先間で、欧州委員会が認めたひな形条項を基に作成した契約を締結し、データ移転の法的根拠を示すこと。

7 GDPR6 条 1 項各号を参照。

a 号：データ主体の同意

b 号：契約の履行

c 号：法的義務の遵守

d 号：生命に関する利益の保護

e 号：公的な権限の行使において行われる職務の遂行

f 号：正当な利益

・**「仮名化」された個人データの取り扱い**

- 事業者は、個人データを仮名加工処理する際、元の個人データは仮名加工処理後のデータとは別に保管し、かつ、個人が特定されないよう技術的・組織的措置を講じる必要がある

- GDPR でいう**仮名化**とは、個人データのうち、氏名などの情報を削除したり、ダミーデータと置き換えたりすること。加工後のデータから直接（元の個人データに係る）個人を特定できなくする取り扱いを指す[8]

・**漏洩時の通知義務**

- GDPR に違反する事実が発覚した場合、発覚から 72 時間以内に監督機関へ報告する必要がある。また、当該違反がデータ主体に大きなリスクをもたらす場合、データ主体への通知も求められている

2022 年には、日本の **Sler**[9] である NTT データの海外子会社（スペイン現地法人）に対して制裁金が課せられた事例が発生しています。日本企業であっても GDPR の制裁対象となる事案が今後増えてくる可能性があり、留意が必要です。

② カリフォルニア州プライバシー権法（CPRA）

続いて、**カリフォルニア州プライバシー権法（CPRA：California Priva-

---

8 大井哲也編著「データ利活用のビジネスと法務」中央経済社、2024 年、p.155。

9 システムの構築や導入など、システム開発のすべてを請け負っている企業のこと。

cy Rights Act of 2020）を見ていきましょう。CPRA は、その前身である**カリフォルニア州消費者プライバシー法**（**CCPA**：California Consumer Privacy Act of 2018）を改正したプライバシー保護規制法で、2023 年 1 月から施行されています。

CPRA は現在アメリカで最も包括的なプライバシー法であり、今後カリフォルニア州以外の州でも同等の法律が可決される可能性がありますし、日本の事業者も新たに規制対象となるか検討が必要です。適用範囲はカリフォルニア州内で事業を営み、カリフォルニア州の居住者の個人情報を収集する営利事業者です。

前進である CCPA は、2012 年の GDPR 草案公表ののち、2018 年に成立し 2020 年から施行されていました[10]。CCPA では、本人への事前通知や個人データの取得をしたあとでも、本人が当該個人データの利用停止を容易に申請できるしくみを徹底することなどを規定しており、透明性や公正性を重視した内容となっています。

CPRA ではさらに一歩進んで、データの使用方法を指示する権利を本人に与えており、事業者は、個人情報を販売・共有する場合、原則として「Do Not Sell or Share My Personal Information」という名称のリンクを設置し、個人情報が販売・共有される可能性があること、および、ユーザーがオプトアウト権を有することを通知しなければなりません。事業者は、オプトアウト権の行使を受けたときは、個人情報を販売・共有してはならず、また、12 ヶ月間が経過するまでは販売・共有の同意を求めることができません[11]。

CPRA はアメリカ全土に適用される法律ではなく、あくまでカリフォルニア州に限定して適用される法律（**州法**）です。アメリカ全土で適用可能なプライバシー法（**連邦法**）は、2024 年現在はありません。

CCPA を契機として、他州法の乱立を危惧した民間事業者の要請など

---

10 CCPA の成立後、バージニア州、コロラド州、ユタ州、コネチカット州、フロリダ州、オレゴン州、モンタナ州、アイオワ州、テキサス州、テネシー州、インディアナ州において包括的な個人情報保護法が成立しました。
11 大井哲也ら編著「データ利活用のビジネスと法務」中央経済社、2024 年、p.172。

3-1 プライバシーに関する法規制の国際的な動向 ｜ 049

により、プライバシー保護を目的とする連邦法の検討自体は行われています。しかし、共和党と民主党の意見の違いや、すでに制定されている州法への影響[12] などもあり、未だ成立には至っていない状況です。

　CPRA において、日本国内の事業者が主に注意すべき内容は大きく分けて 3 つあります。1 つずつ見ていきましょう。

・適用対象となる事業者

　CPRA は、以下の条件に当てはまる、カリフォルニア州内で事業を営み、カリフォルニア州の居住者の個人情報を収集する営利事業者に適用されます。

・1 月 1 日時点で前年の年間総収入が 2,500 万ドルを超えている
・年間合計 10 万件以上の消費者または世帯の個人情報を購入、販売、または共有している
・年間収入の 50% 以上をカリフォルニア州の消費者の個人情報の販売または共有から得ている
・上記 3 つに該当する事業者を支配し、または支配されており、かつその事業者と共通のブランドを有し、その事業者と個人情報を共有する事業者
・その事業者が 40% 以上の持分を持つ事業者で構成されるジョイントベンチャーやパートナーシップ

・対象となる個人データ
　・識別子／個人データ

　　本人の実名・別名・住所・電話番号・メールアドレス・IP アドレス・社会保険番号・運転免許証・旅券番号・カード番号・学歴・雇用履歴・銀行口座番号・医療情報・健康保険情報・身体的特徴、もしくは

---

12 州によっては、州法で定めた厳しい規定が連邦法によって緩和され、抜け道を作ることにつながる可能性があります。

記述

- **商業的データ**

  個人の財産記録・購入／取得／検討した商品またはサービスの記録・商品またはサービスの購入／消費傾向など

- **生体データ**

  フェイスプリント・声紋・網膜・指紋・顔・手・手のひら・血管パターン・音声録音・タイピングパターンやリズム・歩行パターンやリズム・睡眠・健康・運動データなど

- **インターネットデータ**

  閲覧履歴・検索履歴・インターネット・ウェブサイト・アプリケーションや広告との接触情報など

- **その他データ**

  位置データ・音声データ・本人について識別された情報から引き出された推定情報など

- **主に必要となる対応**
  - **消費者への通知**
    - 個人情報の収集と同時に、または事前に、消費者に対して、自社の個人情報の取り扱いに関する内容（下記）を通知する必要があります。

      1 収集する個人情報のカテゴリー

      2 収集する個人情報の収集・利用目的

      3 収集する個人情報を販売・共有するか否か

      4 収集する個人情報の保持期間（通知が不可能な場合には保持期間の決定基準）

      5 （個人情報を販売・共有する場合）オプトアウトの通知方法やフリーダイヤルの電話番号や問い合わせ窓口、関連リンクなど

      6 プライバシーポリシーへのリンクなど
  - **プライバシーポリシーの作成・公表**
    - プライバシーポリシーを作成・公表し、12ヶ月に1回以上更新する必要があります。

・**個人情報の開示先との契約締結義務**

　◦個人情報の開示先（販売・共有を含む）である第三者との間で、以下の事項を規定した契約を締結する必要があります。

　　1　個人情報は限定的かつ特定の目的に限って事業者から開示されること

　　2　CPRA 上の義務を遵守することおよび CPRA 上要求されるものと同程度のプライバシー保護を実施することを開示先に義務づけること

　　3　CPRA 上の事業者の義務に適合する態様で開示先に個人情報を利用させるため、合理的かつ適切な措置を講じる権利を事業者に認めること

　　4　CPRA 上の義務を遵守できないと判断した場合に、事業者に通知することを開示先に義務づけること

　　5　開示先による個人情報の不正利用を中止および是正するために、合理的かつ適切な措置を講じる権利を事業者に認めること

・**消費者の権利**

　◦消費者に認められている権利（6つ）行使に対応する必要があります。

　　1　個人情報の開示請求権

　　2　個人情報の削除請求権

　　3　不正確な個人情報の訂正請求権

　　4　個人情報の販売・共有のオプトアウト権（16歳未満の場合はオプトイン権）

　　5　センシティブ個人情報の利用制限請求権

　　6　差別されない権利（報復禁止）

③ 信頼性のある自由なデータ流通（DFFT）

　信頼性のある自由なデータ流通（**DFFT**：Data Free Flow with Trust）は、日本が提唱した「個人データを含むさまざまなデータについて、国際的に自由な流通の促進を目指す」ポリシーです。世界の主要国や地域政

府、国際機関などは、本ポリシーのもと、信頼性のある自由なデータ流通に向けた取り組みを進行しています。

DFFT は、単にデータ流通に関する規制を強化するのではなく、データガバナンスに焦点を当てて、国際的な流通と流通するデータに対する信頼性の担保を両立させる考えかたです。**データガバナンス**とは、プライバシーやセキュリティ、知的財産権に関する信頼を確保しつつ、ビジネスや社会課題の解決に有益なデータが国境を意識することなく自由に行き来するしくみや運用体制のことです。

DFFT は国際的なルールづくりのために提唱されたポリシーです。現在でも本ポリシーに基づいた議論が行われている最中であり、実効的な規制などは伴っていませんが、議論の進展によっては本ポリシーに基づいた新しいルールが作られる可能性があります。動向を確認しておくとよいでしょう。

3-2 日本国内のプライバシーに関する法規制

続いて、国内の法規制を確認していきます。

国内における重要な法律といえば、やはり個人情報保護法がまっさきに思い浮かぶでしょう。本節では、個人情報保護法について概要を説明したのち、より細かなルールであるガイドラインや、各分野における法律などを説明し、最後に GDPR や CPRA と個人情報保護法の比較を行います。

① 個人情報保護法

個人情報保護法は、日本国内で個人情報を取り扱う事業者（**個人情報取扱事業者**）に対して、個人情報などを取り扱うルールを定めた法律です。2003 年に可決成立・公布され、2005 年 4 月から全面施行されました。

個人情報の適切な利活用を促しつつも個人の権利利益を保護することを目的としており、「個人情報」や「個人データ」といった規制対象となる情報の定義や、各情報を利用する際のルールを規定しています。個人情報

3-2　日本国内のプライバシーに関する法規制 | 053

保護法上のルールを守らない場合には、指導・勧告・罰金などにつながる可能性があります。

　社会情勢や技術基盤の変化などに対応しつつ、個人情報の有用性を担保し、個人の権利・利益を保護することのバランスを取ることを目的として、3年ごとに見直しを検討することが**個人情報保護委員会**[13]を中心に議論・決定されています。現在の個人情報保護法も、2005年の施行後に複数回の改正を経て成り立っています。

　個人情報保護法で定める義務に違反した場合、個人情報保護委員会による報告徴収・立入検査や指導・助言を受けることになります。それでも必要な措置を取らない場合、勧告や改善命令の対象となり、その命令にも違反した場合は、事業者（法人）には1億円以下の罰金、行為者（個人）には1年以下の懲役または100万円以下の罰金が科されます[14]。

　個人情報保護法は、1980年の**OECD**[15]理事会勧告の「プライバシー保護と個人データの国際流通についてのガイドライン」（以下、**OECD ガイドライン**）を大きな端緒としています。

　OECD ガイドラインは表3-1に示す8つの原則を打ち出しており、日本もこれを受けて法制の整備を進めてきました。

　日本では、1988年に国内最初の個人情報保護に関する法律として、当時は国の行政機関を規律するもの[16]として制定されました。その後、行政機関だけでなく民間分野を含む個人情報保護が社会から求められるなかで検討が重ねられ、現在では個人情報を取り扱うすべての事業者（民間、国

---

13 個人情報の有用性に配慮しつつ、その適正な取り扱いを確保するために設置された独立性の高い機関。委員長と8人の委員で構成され、委員は個人情報やプライバシーに関する専門家、消費者保護の専門家、情報処理技術に関する専門家など、さまざまな分野の専門家から構成されています。

14 田中浩之ら編著「60分でわかる！　改正個人情報保護法超入門」技術評論社、2022年。

15 経済協力開発機構（Organisation for Economic Co-operation and Development）のこと。国際経済について協議する国際機関。

16 行政機関の保有する電子計算機処理に係る個人情報の保護に関する法律。

表 3-1　OECD ガイドラインの 8 つの原則

①目的明確化の原則	収集目的を明確にし、データ利用は収集目的に合致するべき
②利用制限の原則	データ主体の同意がある場合、法律の規定による場合以外は、目的外で利用してはならない
③収集制限の原則	適法・公正な手段により、かつ、情報主体に通知または同意を得て収集されるべき
④データ内容の原則	利用目的に関連性があり、かつ、正確、完全、最新であるべき
⑤安全保護の原則	合理的安全保護措置により、紛失・破壊・使用・修正・開示等から保護するべき
⑥公開の原則	データ収集の実施方針等を公開し、データの存在、利用目的、管理者等を明示するべき
⑦個人参加の原則	自己に関するデータの所在及び内容を確認させ、または異議申立てを保障するべき
⑧責任の原則	管理者は諸原則実施の責任を有する

田中浩之ら編著「60 分でわかる！　改正個人情報保護法超入門」技術評論社、2022 年、
p. 9 より引用

の行政機関、独立行政法人、地方公共団体など）に適用される法律となりました。

② ガイドライン

　個人情報保護法は、それ単体ですべてのルールや実務における留意点が定められているわけではありません。細かいルールや指針は、複数の下位規範に定められており、階層構造になっています（表 3-2）。

　個人情報保護法の改正には、国会の承認が必要です。つまり、内容を迅速に変更することが困難です。そのため、細かいルールは、内閣による閣議決定で出される**政令**や、個人情報保護委員会が制定する**省令・規則**など、法律よりは柔軟に検討可能なもので定められています。たとえば、政令では特定の個人を識別することに対する考えかたなどが定められ[17]、省

---

17 個人情報保護委員会「個人識別符号に関する政令の方向性について」https://www.ppc.go.jp/files/pdf/280412_siryou2-1.pdf

表 3-2　個人情報保護法に関する規範

分類	個人情報保護法以下の規範		制定主体
法律	個人情報保護法		国会
政令	個人情報の保護に関する法律施行令	個人情報の保護に関する基本方針	内閣（閣議決定）
省令・規則	個人情報の保護に関する法律施行規則		個人情報保護委員会
ガイドライン	①ガイドライン	②ガイドライン Q&A	個人情報保護委員会
	③分野別ガイドライン	④分野別ガイドラインに関する FAQ・Q&A など	各省庁・個人情報保護委員会
	⑤事務局レポート	⑥事務対応ガイド	個人情報保護委員会事務局

令・規則では個人データを漏洩した際の報告手続きなどが定められています。

　さらに、個人情報保護法の下位にある**規範**には、個人情報保護委員会などが定める**ガイドライン**があります。ガイドラインには、個人情報保護法の運用に関する重要な記述や法解釈が多く含まれており、個人データを適切に取り扱う、もしくは炎上リスクを低減するために必要な情報です。また、ガイドラインに関する Q&A も公開されており、こちらも重要な情報です。

　ガイドラインや Q&A は、それ自体が法的拘束力を持つものではありませんが、個人情報保護委員会などは、ガイドラインや Q&A を参考に事例を解釈し、その適切性を判断します。そのため、ガイドラインなどで「〜しなければならない」と記載されている事項については、それを守らなければ法令違反となる可能性がありますし、「〜することが望ましい」と記載されている事項については、それに従うことが実務上期待されています。

　以下に、実務者がチェックしておくべき、個人情報保護法に関連するガイドラインなどを列挙します。なかでも FAQ や Q&A についてはユースケースに基づいて開示されているため、実務に活かしやすいと思います。

1 ガイドライン

- 事業者が、個人情報を適切に取り扱うことができるための支援を目的とし、個人情報の取り扱いに関するさまざまなケースや実務目線で、具体的な参考情報をまとめたもの
- 通則編、外国にある第三者への提供編、第三者提供時の確認・記録義務編、仮名加工情報・匿名加工情報編、認定個人情報保護団体編が存在する
- 個人情報保護委員会のサイト（個人情報取扱事業者等に係るガイドライン・Q&A 等（個人情報保護法総則規定、第 4 章等関係））[18] から閲覧できる

2 ガイドライン Q&A

- ガイドラインに対する、よくある質問や回答を記載したもの
- 個人情報保護委員会のサイト（個人情報取扱事業者等に係るガイドライン・Q&A 等（個人情報保護法総則規定、第 4 章等関係））[19] から閲覧できる

3 分野別ガイドライン

- 医療関連、金融関連、情報通信関連など、各分野の事業者に適用されるガイドライン
- 個人情報保護委員会のサイト（特定分野ガイドライン）[20] から閲覧できる

4 分野別ガイドラインに関する FAQ・Q&A など

- 分野別ガイドラインに対する、よくある質問や回答を記載したもの
- 個人情報保護委員会のサイト（特定分野ガイドライン）[21] から閲覧できる

5 事務局レポート

- 事業者が個人情報保護に対する自主ルールなどを策定する際に参考

---

18 個人情報保護委員会 https://www.ppc.go.jp/personalinfo/legal/#anc_Guide
19 個人情報保護委員会 https://www.ppc.go.jp/personalinfo/legal/#anc_Guide
20 個人情報保護委員会 https://www.ppc.go.jp/personalinfo/legal/#specific
21 個人情報保護委員会 https://www.ppc.go.jp/personalinfo/legal/guidelines/

となるよう、個人情報保護委員会事務局が参考情報を取りまとめたもの

・個人情報保護委員会のサイト（事務局レポート）[22] から閲覧できる

6 **事務対応ガイド**

・法の適正かつ円滑な運用を図るとともに、統一的な運用を確保するため、個人情報などの適正な取り扱いに関し、行政機関などの職員の事務処理手順やその際に参考となる法令の条項などの考えかた、その他各行政機関などにおいて開示など（開示、訂正及び利用停止）請求に係る審査基準を定める際の参考となる事項を整理したもの

・個人情報保護委員会のサイト（行政機関等に係るガイドライン等（個人情報保護法第 5 章等関係））[23] から閲覧できる

③ 各分野における個人情報に関する法規制

　日本国内には、個人情報保護法のほか、マイナンバー法や次世代医療基盤法など、各分野の個人情報の取り扱いに関する法規制が存在しています。例として挙げた 2 つの法規制について、簡単に紹介しておきます。

　マイナンバー法は、2015 年 10 月に施行された、行政の効率化や国民の利便性を高めるために導入された**特定個人情報（マイナンバー）**の収集・保管・利用・破棄などについて定めた法律です。マイナンバーを取り扱うすべての事業者に適用されます。マイナンバーは利用範囲がマイナンバー法で限定されており、2024 年 4 月に改正された時点では、社会保障・税・災害対策を目的とした活用のみ認められています。

　次世代医療基盤法は、2018 年 5 月に施行された、医療分野の研究開発に向けた医療情報・仮名加工医療情報・匿名加工医療情報などの取り扱いについて定めた法律です。「仮名加工」や「匿名加工」とは、個人情報を

---

22 個人情報保護委員会 https://www.ppc.go.jp/personalinfo/legal/#officer_report
23 個人情報保護委員会 https://www.ppc.go.jp/personalinfo/legal/#gyosei_Guide

識別できないように加工する手法の１つです。くわしくは５章で説明します。

　次世代医療基盤法では、健診結果やカルテなどの個々人の医療情報を、認定事業者が仮名加工もしくは匿名加工することになっています。その加工された医療情報を、製薬企業・研究機関・大学などが、研究開発などで活用するためのしくみやルールが本法律で定められています。

　マイナンバー法や次世代医療基盤法は一例ですが、個人情報を取り扱う事業者は、個人情報保護法に加えて各分野における法規制にも留意する必要があります。

④ 個人情報保護法・GDPR・CPRA の比較

　本節の最後に、個人情報保護法・GDPR・CPRA の主な違いについて、簡単にまとめました（表 3-3）。

表 3-3　個人情報保護法・GDPR・CPRA の簡易比較

	個人情報保護法	GDPR	CPRA
適用対象となる個人情報	生きている人に関する情報で、特定の個人を識別できる情報（＝個人情報）	識別された、または識別され得る個人に関する情報（識別番号や位置情報、オンライン識別子なども含む）	特定の消費者、または世帯を識別し得る情報（オンライン識別子なども含む）
適用対象となる事業者	居住地や国籍を問わず、国内で個人情報を取り扱う個人情報取扱事業者	EU 域内の個人・データ主体（一時的に EU 域内にいる者を含む）の個人情報を取り扱う事業者	カリフォルニア州民および世帯・データ主体（一時的に州外にいる者を含む[24]）の個人情報を取り扱う事業者（年間収入や取扱データ量、パートナーシップなどの条件あり）
プライバシーリスク評価の実施義務	義務づけられていない（努力義務化もされていない）	センシティブデータを取り扱う場合やプロファイリング・スコアリング処理を行う場合など、一定条件下で義務づけられている	未成年者の個人情報を取り扱う場合に義務づけられている

24 松尾博憲ら編著「利用規約・プライバシーポリシーの作成・解釈」商事法務、2023 年、p.317。

3-2　日本国内のプライバシーに関する法規制　｜　059

個人情報保護法は、2024年時点では、GDPRやCPRAと比較して適用範囲が狭く規制が緩い内容となっています。しかし、GDPRやCPRAの規制内容に倣って定期的に厳格化されているため、近い将来に、これらの法規と同等レベルの規制が制定される可能性があります。海外との取引がない企業であっても、GDPRやCPRAの内容は定期的にチェックしておくほうがよいでしょう。

3-3 実務における法規制の影響

プライバシーに対する社会の関心が高まるにつれて、プライバシー法規制の厳格化やターゲティング技術の制約、さらに炎上回避などのリスク対策が求められるようになりました。個人データを取り扱っている、もしくは活用を検討している事業者にとって、個人データの適正な取り扱いはこれまで以上に難しくなっています。

たとえば、最近はオーディエンスデータに対する個人情報保護法上の規制に伴い、主にターゲティング広告などマーケティング目的での個人データの活用が難しくなっています。一つひとつ確認していきましょう。

① オーディエンスデータ（Cookie）活用における規制

オーディエンスデータとは、主に**ターゲティング広告**[25] で使用される、ウェブ上でのユーザーの**行動履歴情報**[26] や**属性情報**[27] のことです。

オーディエンスデータは、**Cookie ID**[28] や**広告識別子**[29] などのオンライン識別子と紐づけて収集・管理されることが一般的です。個人情報保護法

---

25 ユーザーが興味を持ちそうな、あるいはユーザーの嗜好に合いそうな広告を配信すること。
26 ウェブサイトの訪問履歴、通販サイトでの購買履歴、広告閲覧履歴、検索履歴など。
27 ユーザーの年齢、性別、年収など。
28 Cookieによってブラウザに割り振られる識別子。
29 モバイル端末を識別するための一意の英数字の組み合わせ（ID）。代表的なものとして、iOS端末に振られる「IDFA（Identifier For Advertising）」やAndroidOS端末に振られる「AAID（Google Advertising ID）」があります。

上、Cookie ID や広告識別子そのものは個人識別符号（詳細は、5-1 節「①個人情報」を参照）には該当せず、個人情報に該当しません。

しかし、個人情報保護法では、その情報単体（上述の Cookie ID や広告識別子そのものなど）で個人情報に該当しない場合でも、「ほかの情報と容易に照合することができ、それにより特定の個人を識別することができることとなるもの[30]」は個人情報に含まれると規定しており、いかなる場合でも個人情報に該当しないわけではないことに注意が必要です[31]。

日本では、2022 年 4 月 1 日に施行された改正個人情報保護法により、Cookie などの個人関連情報（詳細は、5-1 節「⑥個人関連情報」を参照）を第三者に提供し、提供先で個人情報と紐づける場合には、ユーザー本人の同意を得ることが義務化されました。

そもそも **Cookie** とは、ウェブサイトが、ユーザーのコンピューターに保存する情報のことです。その実態は小さなテキストファイルで、ウェブサイト上でユーザーが閲覧したページの履歴や、入力した情報などが記録されています。ウェブサイトは Cookie としてユーザーの設定や行動履歴などを記録し、あとで呼び出すことができます。これにより、ユーザーは自分の興味関心に応じたリコメンドを受けたり、ログイン情報などの入力を省略したりできます。

Cookie の主な役割は、ユーザーの識別・トラッキング・設定の保存の 3 つです。また、Cookie の種類は、大きく分けて 4 つあります。これらの役割と種類を、表 3-4 に示します。

このなかで注目すべきなのは、3rd Party Cookie です。**3rd Party Cookie** とは、ユーザーが閲覧しているウェブページ自体ではない、第三者が発行する Cookie のことです。わかりやすい例を挙げると、ウェブサイト内に配置されている広告の事業者が、ウェブサイトを訪れたユーザーに Cookie を発行する例です（図 3-1）。

---

30 たとえば、ユーザーの氏名などとオーディエンスデータを共通 ID などで紐づけて管理している場合が該当します。
31 大井哲也ら編著「データ利活用のビジネスと法務」中央経済社、2024 年、p.326。

表 3-4　Cookie の役割と種類

Cookie の役割	ユーザーの識別	ユーザーを識別（E. g. ショッピングカートの内容やログイン状態を記憶）し、パーソナライズ／カスタマイズされたコンテンツを表示する
	ユーザーのトラッキング	3rd Party Cookie のデータを使用することで、ユーザーの閲覧履歴を追跡し、関心に合わせた広告を表示する
	ユーザーの設定内容の保存	ユーザーの言語設定や表示設定などを記憶する
Cookie の種類	セッション Cookie	ユーザーが訪問したウェブサイトで一時的に作成され、ユーザーが当サイトから離脱すると削除される Cookie
	永続 Cookie	ユーザーが訪問したウェブサイトで有効期限まで保存される、あるいはユーザーが削除しない限り有効であり続ける Cookie
	1st Party Cookie	ユーザーが訪問したウェブサイトのドメインから発行される Cookie
	3rd Party Cookie	ユーザーが訪問したウェブサイトとは別のドメインから発行される Cookie。ほかのウェブサイトに移行してもユーザー情報を追跡できる

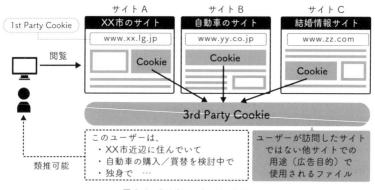

図 3-1　3rd Party Cookie とは

　3rd Party Cookie を利用すると、ドメイン（インターネット上の住所）を超えてユーザーを追跡できるので、ユーザーの興味関心や行動・消費傾向を深く分析して広告配信に活用できます。

ユーザーが閲覧しているウェブサイト自体が発行する **1st Party Cookie** の場合、ウェブサイト内におけるユーザーの閲覧履歴や属性情報、購入履歴などを正確に収集できますが、あくまで自社サイト経由で取得できる自社の顧客（ユーザー）に関する情報に限られます。そのため、収集できるデータ量が一定制限され、ユーザーが自社サイト以外でどのような行動をとっているのかが把握できず、潜在的なユーザーニーズを把握しづらいという特徴があります。

事業者、とくに広告主や**パブリッシャー**[32] などは、これまで自社の保有する個人データに 3rd Party Cookie の情報を付加して活用してきました。3rd Party Cookie の情報を付加すると、自社で持っていなかったユーザーの行動／消費特性や趣味趣向に関するデータを収集できます。これによりターゲットとなり得る顧客ペルソナの解像度を上げて、広告やキャンペーン施策の効果向上を狙ってきたのです。

しかし、**Cookie 規制**[33] によって、従来のように自社の保有する個人データに 3rd Party Cookie データを付加して活用できなくなるため、ターゲティング施策の代替手段を検討せざるを得ない状況です。Cookie 規制の背景には、プライバシー侵害のリスクがあります。自分が知らないところで自身の個人情報が特定される、または行動がトラッキングされることへの懸念が高まっていることが要因として挙げられます（表 3-5）。

事業者にとっては、3rd Party Cookie はサービスや商品の販促施策に役立つ便利なものです。一方、ユーザー視点に立つと、自分が個人データを提供していると認識している事業者以外の者に、自身に関するデータを取得・分析されていることになります。必要以上に自身という人間が特定される、また自身の行動がトラッキングされ続けるため、気持ちよく感じるものではありません。

---

32 広告を配信する媒体（メディアなど）やしくみ（広告配信基盤など）を持っている事業者。
33 Cookie 情報を保有するしくみを持つブラウザ（Apple 社の Safari など）による、トラッキング防止機能や 3rd Party Cookie の完全ブロックなど。GDPR や CCPA などの影響もあり、Apple 社は 2017 年にユーザーのプライバシーを保護する ITP（Intelligent Tracking Prevention）1.0 を発表し、2019 年 9 月以降は 3rd Party Cookie をすべてブロックしています。

表 3-5 3rd Party Cookie の特徴と問題

特徴	ユーザーの行動 分析が可能	・異なるウェブサイトを横断してユーザーの行動（サイト閲覧履歴）を追跡、分析できる ・3rd Party Cookie を利用したリターゲティング広告は、広告主にとって、ターゲティングの精度を高める便利な存在
問題	プライバシー 侵害のリスク	・1 つのウェブサイトにおける行動のみでは把握できないユーザーの好みや趣味嗜好を把握可能 ・ユーザーの意図しないかたちで勝手に Cookie が付与され個人情報を収集される可能性がある（本人同意なき行動トラッキング）

このように、プライバシーへの関心の高まりや炎上事案などの社会トレンドに合わせて、法規制の改正や事業者の自主規制が行われることがあります。個人データの取り扱い方法の見直しや代替手段の検討、リスク対策が必要となるなど実務への影響が生じるため、実務者は社会トレンドや法規制の動向に対して留意が必要です。

② 個人データのリッチ化手法の変化

上述の Cookie 規制の影響もあり、これまで 3rd Party Cookie を活用して自社の保有する個人データのリッチ化（属性データの補填）を図ってきた事業者は、新たな方法を模索する必要が出てきています。

そんななか、グループ企業の保有する個人データを統合して個人データをリッチ化させる動きとして、**CDP**（Customer Data Platform）が出てきました（図3-2）。それだけでなく、自社の個人データや CDP を、他社の個人データや CDP と結合させて個人データをリッチ化させる動きも出てきています。このように、データとデータを結合させることを、**マッチング**といいます。

自社の保有する個人データ、具体的には、CDP を含む 1st Party データであれば、基本的にはユーザーから同意を取得して自社で収集したデータとなります。同意取得時に通知・公表している利用目的の範囲内であれば自由に活用することができ、プライバシー侵害リスクも低減させることが期待されています。

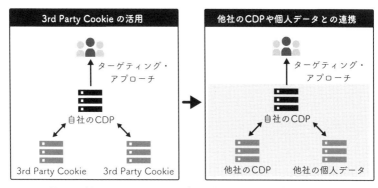

図 3-2　個人データのリッチ化に向けた新たなトレンド（マッチング）

③ データ連携における 4 つの課題

②で述べたように、自社の保有する個人データを他社（グループ企業含む）の保有する個人データとマッチングさせて活用する場合、いくつか注意すべき点があります。図 3-3 は、マッチングによりリッチ化した個人データを、商品やサービスに活用する際の工程を示したものです。図中に記載されている 4 点の課題について、1 つずつ確認していきましょう。

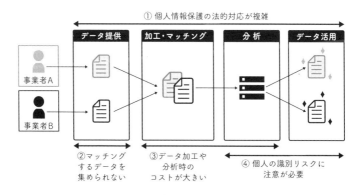

図 3-3　個人データ連携の工程と各工程における課題

①個人情報保護の法的対応が複雑

　すべての工程に関係する課題として、法的な対応が複雑であることが挙げられます。国内で個人データを取り扱う事業者は、個人情報保護法をはじめとする日本のプライバシー法規制を遵守・参照する必要があります。そのため、施策を実施するときは、あらかじめ「留意すべき法規制はなにか」「必要なリスク対策と実効性のある施策はなにか」を整理・検討したうえで取り組む必要があります。

　しかし前述のとおり、参照すべき法律やガイドラインは多岐にわたるため、企画がスムーズに進められないケースが多々起こり得ます。

②マッチングするデータを集められない

　データの提供・取得段階にも課題があります。自社の保有する個人データを第三者に提供するとき、利用目的の変更を伴う場合は、第三者提供に関する同意や本人の再同意が必要となります。しかし再同意を取得する場合、一般的に同意の取得率は下がってしまうため、活用可能なデータ量は少なくなってしまいます。つまり第三者に提供できて利用目的が限定されない個人データは数が多くないため、集めようとしてもうまくいかない場合が出てきます。

　5章でくわしく説明しますが、個人データを加工することで、本人の同意不要で当該データを第三者に提供する、もしくは第三者と共同利用することは可能です。ただし、一定の条件や制約が課せられるため、注意が必要です。また、仮にデータの加工が適切に行われていた場合であっても、ステークホルダーと丁寧なコミュニケーションを取らなかったがゆえにレピュテーションリスクを高めてしまったり、炎上案件につながったりするケースもあるため、対外の視線にも留意した取り組みが求められます。

③データ加工や分析時のコストが大きい

　続くデータ加工および分析の段階で問題となるのは、個人データの加工やマッチングの方法が適切であるかどうかです。個人データの加工については、個人情報保護法で加工要件が定められています。そのため、個人

データを加工する際は、当該加工要件を遵守する必要があります。それだけでなく、ユースケースや取り扱うデータの特性（属性情報、利用履歴情報など）に応じたリスク対策・データ加工が必要です。

④個人の識別リスクに注意が必要

さらに、自社の個人データを加工したあとで、そのデータを他社の個人データ・非個人データとマッチングして分析する際には、そのプロセスにおいて個人が識別されることを防ぐ必要があります。同様に、情報漏洩や不適正利用を防ぐためのリスク対策や、高度な安全管理措置[34] が求められます。ここでいう**安全管理措置**とは、主に物理的安全管理措置や技術的安全管理措置を想定しています（表3-6）。

表 3-6　安全管理措置の種類と概要

組織的安全管理措置	1. 組織体制の整備 2. 個人データの取り扱いに係る規律に従った運用 3. 個人データの取扱状況を確認する手段の整備 4. 漏洩などの事案に対応する体制の整備 5. 取扱状況の把握及び安全管理措置の見直し　など
人的安全管理措置	1. 従業者に向けた定期的な研修 2. 従業者に向けた個人データの取り扱いに関する指導 3. 就業規則に個人データの秘密保持に関する事項を記載　など
物理的安全管理措置	1. 個人データを取り扱う区域の管理 2. 機器及び電子媒体などの盗難等の防止 3. 電子媒体等を持ち運ぶ場合の漏洩等の防止 4. 個人データの削除および機器、電子媒体等の廃棄　など
技術的安全管理措置	1. アクセス制御 2. アクセス者の識別と認証 3. 外部からの不正アクセスなどの防止 4. 情報システムの使用に伴う漏洩等の防止　など

---

34 個人情報保護委員会「個人情報の保護に関する法律についてのガイドライン（通則編）」（https://www.ppc.go.jp/personalinfo/legal/guidelines_tsusoku/）によると、大きく組織的安全管理措置、人的安全管理措置、物理的安全管理措置、技術的安全管理措置の4つに分けられます。

これらの背景があり、個人データの加工やマッチングの際にはリスクの洗い出しと対策が必要であり、必然的にコストも大きくなります。

両者の個人データをマッチング・分析して得られた情報をマーケティングなどに活かす際にも、直接個人が識別されることを防ぐための対応が必要な場合があります。最終的に生成されるアウトプットやその活用に関する運用まで、プライバシーに配慮したかたちで設計・実施する必要があります。

・サービスのアウトプットまで含めた設計が必要

このように、個人データの連携とプライバシーの保護には考慮すべき事項や必要な対応が多岐にわたります。さらに、法規制をただ理解するだけでなく、個人データを取得してから保管、利用、廃棄するといった**個人データのライフサイクル**や一連の運用を踏まえた検討、対策が求められるため、知識の深さも必要となってきます。一定の知見やノウハウを保有していない事業者にとって、個人データの活用は難易度が高いことだと言わざるを得ません。

次章では、事業者が個人データを適切に扱うために必要な、プライバシー保護のしくみの作りかたを説明します。

4章

プライバシーガバナンスを構築する

4.1 プライバシーガバナンスの必要性

4.2 プライバシーガバナンスを強化するPIA

4.3 PIAを組み込んだ
プライバシーガバナンス体制

4.4 プライバシー人材の育成・確保、
外部リソースの活用

個人データを扱う事業者には、適切なプライバシー保護のしくみが必要です。適切なプライバシー保護のしくみづくりには、個人情報保護法をはじめとする、プライバシー法規制を正しく理解し遵守することが必要です。さらに、プライバシーリスクに配慮したデータ活用の取り組みを、担当者レベルではなく組織レベルで継続して運用していくことが必要です。こういった個人データの活用とプライバシー保護を両立させるしくみや組織体制のことを、**プライバシーガバナンス**といいます。

　本章では、まずプライバシーガバナンスについて、「プライバシーリスクに配慮したデータ活用」と「組織レベルでの継続運用」に着目して解説します。そののち、「プライバシー法規制の理解・遵守」に関する具体例を紹介します。

4-1 プライバシーガバナンスの必要性

　プライバシーガバナンスを機能させる、もしくは強化するためには、プライバシー対策に関する意識を担当者だけでなく組織全体で高めることや、実効性のあるプライバシーリスク対策を検討・実施すること、その取り組みを継続的に回していくことが肝要です。以下、プライバシーガバナンスの考えかたやリスク対策の実践方法、必要な体制の構築方法について紹介します。

① プライバシーガバナンスとは

　プライバシーガバナンスとは、**コンプライアンス**[1]対応の枠を超えて、組織体制の構築と企業価値の向上を図る取り組みのことです。積極的なマネジメント層のコミットメントにより、組織全体でプライバシー課題に取り組むための組織体制を構築したうえで機能させ、プライバシー問題の適切なリスク管理と、ステークホルダーからの信頼の確保による事業者価値

---

1 事業者や従業員が法令や規則を遵守すること。

の向上につなげます。

プライバシーガバナンスの概念を理解するうえで重要となる要素は、**マネジメント層のコミットメント**、**組織体制の構築・機能**、**事業者価値の向上**の3つです。1つずつ見ていきましょう。

・マネジメント層のコミットメント

3章で確認したように、個人情報保護法の改正による変化も含めて、プライバシーの概念は多様化し、社会的な意識・関心が高まっています。プライバシー法規制に則した企業経営が求められている現在、プライバシーリスク対策へのマネジメント層のコミットメントは必要不可欠です。

プライバシー保護に対するスタンスを経営方針として明文化し、その方針を現場に浸透させるために必要な研修や教育機会を積極的に設けることがマネジメント層に求められます。

・組織体制の構築・機能

収集した個人データを、プライバシーを保護したうえで適切に活用するためには、個々のプロジェクトや現場のメンバーがそれぞれ気をつけるのではなく、組織的な体制づくりが必要です。さらに、体制を作るだけでなくそれを実際に機能させるための運用設計や現場のコミュニケーション支援、意識改革を行うことが重要であり、そういった活動にはマネジメント層のコミットメントが必要不可欠です。

・事業者価値の向上

起こり得るプライバシーリスクを事前に評価し、適切な対応を行える組織体制を作ることによって、社会やステークホルダーから信頼を得られます。結果として、新規ユーザーの獲得や既存ユーザーの維持が期待でき、事業者価値や売り上げの向上へとつながります。

このように、「プライバシー保護を自社利益につなげる」という思考で、組織全体で前向きな姿勢でプライバシーガバナンス構築に取り組むことが

理想です（表4-1）。

表4-1　プライバシーガバナンスに対するあるべきスタンス

イノベーション企画	プライバシー対策検討	プライバシー対策実施 （イノベーション創出）
・「攻めのDX」文脈において、さまざまなデータ（ビッグデータ）の活用や事業者連携による**新たな商品／サービス**を企画 ・自社の収益向上や顧客との関係性の深化／維持を構想	・**プライバシー保護を経営アジェンダ化**し、プライバシーリスクに関して能動的に対応する姿勢を明文化 ・明文化した内容を組織内外に発信し、**ステークホルダーの期待**を獲得	・明文化した内容に基づくプライバシー保護策を、**組織として一貫した姿勢／行動**をもって実行 ・結果、**商品／サービスの品質／価値が向上**し、顧客や社会からの信頼を獲得

トップダウンで推進し、組織に運用を根づかせることが肝要

② プライバシーガバナンスの国際的な動向

　昨今、プライバシーガバナンスが注目されている背景として、単純な個人情報の保護から収集された個人情報の適切な扱いへと関心が変化していることが考えられます。

　これまでの章で説明したように、日常生活のデータ化が急速に進行しているなかで、意図しないかたちで個人情報が特定され、本人の同意がないまま行動がトラッキングされるなどのプライバシー侵害リスクが増加しています。また、実際に国内大手企業によるプライバシー侵害も顕在化し、社会的にプライバシー保護への関心が高まり、またプライバシーの概念も変わってきています。

　そのような概念の変化に合わせて、「個人データの適切な取り扱い・活用」に社会の関心がシフトし、個人情報を取り扱う事業者に向けてプライバシー保護の重要性を認識させる"プライバシーガバナンス"の考えかたが誕生し、関心が高まっています（図4-1）。

　2章でプライバシーに関する法規制を紹介したEUや米国は、プライバシーガバナンスに対する意識が日本と比較して格段に高い状態にありま

日常生活のデータ化	プライバシー保護への関心	ガバナンスへの関心
・デジタルデバイスやインターネットの利用頻度増加に伴い、日常生活のデータ化が進行 　○モバイル、ブラウザ、カメラなど ・膨大なデータを蓄積し高度な分析・活用を可能にする技術基盤が進展 　○AI、量子コンピューター、ブロックチェーンなど	・プライバシー侵害リスクが増加 　○個人情報の特定、本人同意なき行動トラッキング ・国内大手企業のプライバシー侵害が顕在化 　○東日本旅客鉄道（2013年）、ベネッセコーポレーション（2014年）、リクルートキャリア（2019年）	・プライバシー保護の概念が変化 　○「私生活に関与されない権利」「私生活を公開されない権利」から「個人情報のコントロール」に拡大中 ・「個人データ活用の適切性」に社会の関心がシフト 　○企業に重要性を認識させる「プライバシーガバナンス」の考えかたが誕生

図 4-1　プライバシーに対する考えかたのトレンド

す。これらの国々は、EU であれば GDPR、米国であれば **FTC 法**[2] に違反すれば多額の罰金や制裁金が発生するため、経営者がプライバシー対応を経営アジェンダとして捉えています。とくに GDPR では、独立した DPO[3] の設置や、DPIA[4] の実施などを事業者に求めています。

　3 章で触れたように、個人情報保護法は国際的な規制の動向も鑑みつつ定期的に改正されています。そのため、今後は国外の動向に追随した対応が加速する可能性があります。

　こういった背景があり、事業者のプライバシーガバナンスを支援するサービスも興隆してきています。自社が取得・保有するデータに個人情報が含まれるかどうかを特定する個人情報の特定やマッピング作業、ユーザーの同意管理、個人データに対する要求（利用停止、削除申請など）の履行などを手掛けるプライバシーテック企業への出資は、年々拡大してい

2　米国連邦取引委員会法。データ保護を目的とした法律ではないものの、消費者保護の観点から、消費者にとって欺瞞的、不公正なものとなる行為を取り締まっており（第 5 条）、それらの行為のなかにプライバシー侵害が含まれています。
3　データ保護責任者。3-1 節参照。
4　データ保護影響評価。3-1 節参照。

ます。たとえば、米国のプライバシーソフトウェア市場は 2023 年の 9 億米ドルから 2030 年までに 86 億米ドルに成長すると予測されており、予測期間中に 38.1% の CAGR（年平均成長率）を示しています[5]。

　国内においても、日本が提唱した DFFT[6] を実現する観点から、上述のようなセキュリティやプライバシー保護に対する信頼が必要とされ始め、国際的な水準での対応が求められています。

4-2 | プライバシーガバナンスを強化する PIA

　プライバシーガバナンスを構築する際に参照できる考えかたの 1 つに、2-3 節で紹介した**プライバシー・バイ・デザイン**があります。そして、プライバシー・バイ・デザインを実践するためのフレームワークとして、**プライバシー影響評価（PIA）**があります。ここでは、プライバシーガバナンスを強化する有用な手法として、PIA について解説します。

① プライバシー影響評価（PIA）とは

　プライバシー影響評価（**PIA**：Privacy Impact Assessment）は、個人データを取り扱うプロジェクトやシステムが、個人のプライバシーにどの程度影響するのかを評価する手法[7]です。商品やサービスの設計に PIA を組み込むことには、ビジネス価値の向上や、レピュテーションリスク低減などの効果が期待されています。

　個人情報保護委員会のレポート[8]では、PIA とは以下のように定義づけられています。

---

5 Fortune Business Insights「グローバル市場調査レポートとコンサルティング」https://www.fortunebusinessinsights.com/jp

6「信頼性のある自由なデータ流通」というポリシーのこと。3-1 節参照。

7 3-1 節で触れましたが、GDPR には独自の評価手法である DPIA が定められています。PIA は、特定の法律に依存するものではない、より汎用的なフレームワークです。

8 個人情報保護委員会「PIA の取組の促進について」p.3。https://www.ppc.go.jp/files/pdf/pia_promotion.pdf

PIA は、個人情報等の収集を伴う事業の開始や変更の際に、プライバシー等の個人の権利利益の侵害リスクを低減・回避するために、事前に影響を評価するリスク管理手法である

　この定義に基づくと、PIA では「プライバシーなどの個人の権利利益の侵害リスク」を検討すべきである、と捉えられます。単に、個人情報保護法に違反しないかどうかのチェック（**適法性審査**）や、セキュリティに不備がないかどうかのチェック（**セキュリティ審査**）などを実施することが、PIA の本質ではないようです（図 4-2）。

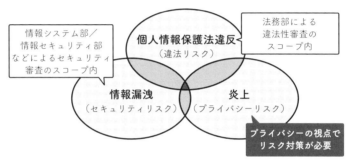

図 4-2　PIA の対象であるプライバシーリスクのイメージ

　さらに言えば、前者は法務部門における適法性審査として、後者は情報システム部門によるセキュリティ審査として、すでに各事業者内で実施済みである場合も多いでしょう。PIA の真価・本質は、それを超えた部分にあると考えられます。実際に、適法性審査とセキュリティ審査とは別の枠組みで PIA を運用している企業も国内に存在しています。

　したがって、PIA において検討すべきリスクの本質は、**プライバシーなどの個人の権利利益の侵害リスク**だといえるでしょう。プライバシーなどの個人の権利利益の侵害リスクとは、たとえば不法行為によるプライバシー権侵害などの違法性を伴うものや、不適切なデータ活用による炎上などの社会的規範を逸脱するものが考えられます。個人情報保護法への抵触リスクやセキュリティリスクだけが注意すべき対象ではないのです。

個人情報保護委員会は、事業者が PIA を取り組むことを推奨していま
す。そのため、将来的には、各事業者において PIA の取り組みが本格化
する可能性があります。

② 事業者が PIA を実施する理由

　事業者が PIA を実施する理由として、「ビジネス価値向上への期待」
「リスク対策」「世界的な PIA 機運の高まり」の 3 つが考えられます。

　1 つめが**ビジネス価値向上への期待**です。PIA は、プライバシーリスク
の特定や評価、対応の各プロセスにおいて関係者間のコミュニケーション
や合意形成をもって進めることが推奨されており、当 PIA の活動を対外
に公表することで、ユーザーや顧客は自分が事業者に預けた個人情報が適
切に取り扱われていることを知ることができ、事業者の提供するサービス
や商品に対する信頼やロイヤリティが高まることにつながります。

　その結果、事業者は既存のユーザーや顧客を離反させることなく維持で
き、さらによい印象や評判が新たなユーザーや顧客を呼ぶことで、さらな
る事業拡大を狙うことができます。

　2 つめが**リスク対策**です。事業者は PIA に取り組むことで、個人情報
の漏洩や不適正利用などの炎上リスクやレピュテーションリスクを直接的
に低減することができます。

　リスクを低減することで、事業の手戻りや事業計画へのマイナス影響
（情報漏洩時における個人情報保護委員会への報告や本人への通知、影響
を受けたユーザーへの報告・謝罪、再発防止策の実施、事業計画の見直し
など）を防ぐことができます。

　3 つめが**世界的な PIA 機運の高まり**です。すでに EU 圏（GDPR）やア
メリカのカリフォルニア州（CPRA）では、特定の条件下で PIA の実施
が義務づけられています。

　日本の個人情報保護法をはじめとするプライバシー法規制は、それらの
（日本よりも厳格な）海外のプライバシー法規制を参考に厳格化される傾
向にあり、近い将来には日本でも PIA の取り組みに関する規制が強化さ

れる可能性が高まっています。

　仮に、日本で PIA が義務化された場合、とくに PIA の知見やノウハウを有していない事業者にとっては大きな影響が生じるため、（茹でガエル状態にならないように）いまの段階から徐々に PIA に慣れる・取り組むことを検討してはいかがでしょうか。

③ PIA 実施の 7 つのステップ

　PIA の具体的な実施方法は、以下の資料に記載されています。

　・経済産業省・総務省「DX 時代における企業のプライバシーガバナンスガイドブック」
　・個人情報保護委員会「PIA の取り組みの促進について―PIA の意義と実施手順に沿った留意点―」

　本節では、上記の資料に記載されている内容や、実際に筆者らがクライアントの PIA を支援した事例を参考に、PIA の実施方法を簡潔に説明します。

　PIA は、大きく 7 つのステップに分かれます（図 4-3）。

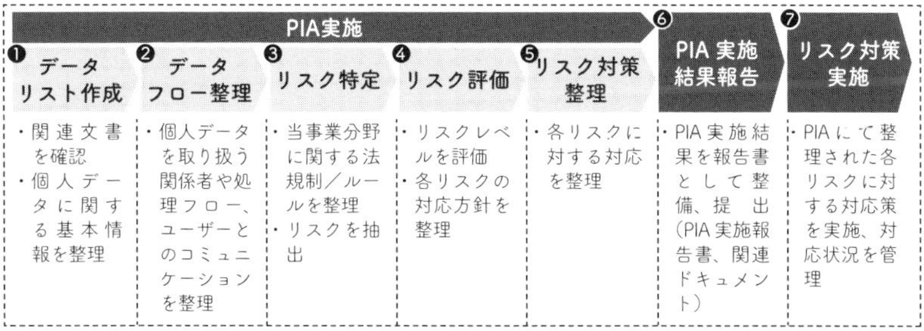

PIA実施					❻ PIA 実施結果報告	❼ リスク対策実施
❶ データリスト作成	❷ データフロー整理	❸ リスク特定	❹ リスク評価	❺ リスク対策整理		
・関連文書を確認 ・個人データに関する基本情報を整理	・個人データを取り扱う関係者や処理フロー、ユーザーとのコミュニケーションを整理	・当事業分野に関する法規制／ルールを整理リスクを抽出	・リスクレベルを評価 ・各リスクの対応方針を整理	・各リスクに対する対応を整理	・PIA 実施結果を報告書として整備、提出（PIA 実施報告書、関連ドキュメント）	・PIA にて整理された各リスクに対する対応策を実施、対応状況を管理

図 4-3　PIA のステップ

　各ステップを 1 つずつ確認していきましょう。

4-2　プライバシーガバナンスを強化する PIA　|　077

Step 1 データリスト作成

　まずは、個人データを活用する商品やサービスに関する情報を集めます。具体的には、サービス説明資料・利用規約・プライバシーポリシー・要件定義書・システム設計書・担当者へのヒアリング結果などです。これらを参考にして、活用する（活用予定を含む）個人データに関する基本情報を整理します。

　ここで整理する基本情報とは、**データセット**[9]の名称・データ項目・利用目的・データ分類[10]・**要配慮個人情報**[11]の有無・データの取得方法・自社内におけるデータ保管方法・委託先や第三者提供先に関する情報などです。

Step 2 データフロー整理

　Step 1で整理したデータリストなどを参考にして、個人情報の取り扱いに関するプレイヤーやデータフローを整理します。活用予定の個人データのライフサイクル[12]ごとに、以下のような情報を整理します。

・どこからどこへ移動するのか（事業者やシステム基盤単位）
・どんなデータが使われるのか（データ形式や分類）
・どこでどのような加工や処理が行われるのか
・最終的にどこでどのように活用／廃棄されるのか

---

9 特定の目的に応じて収集されたデータの集合体のこと。
10 個人情報保護法で保護されるデータの種類のこと。個人情報や仮名加工情報、匿名加工情報、個人関連情報、個人データ、保有個人データなどを指します。
11 不当な差別や偏見その他の不利益が生じないように、その取り扱いにとくに配慮を要するものとして政令で定める記述などが含まれる個人情報のこと（個人情報保護委員会のガイドラインＱ＆Ａより）。病歴を含む情報や健康に関する情報、犯罪の経歴などが挙げられます。要配慮個人情報の取得には、原則として本人の同意が必要であり、また、個人情報保護法第27条第2項の規定による第三者提供（オプトアウトによる第三者提供）は認められていません。
12 個人データが取得されて廃棄されるまでの一連の流れのこと。

Step 3 リスク特定

Step 1 や Step 2 の内容を参考にして、当該事業に適用され得る法規制やルールを整理し、プライバシーリスクを抽出します。リスクを抽出する際には、関連する各部門（ビジネス、法務、情報システム、カスタマー対応など）の視点も取り入れ、あらゆる角度からリスク因子を拾い上げて、認識を合わせることが重要です。

Step 4 リスク評価

Step 3 で特定した各リスクのレベルを定義します。レベルの定義は、あらかじめ関係者間でリスクの評価基準を定めたうえで、抽出したリスクと現在の個人データの取り扱い状況を踏まえて行います。

リスクの発生可能性と影響度などの視点から、「無視可能なリスク」「低減すべきリスク」「早急に対応が必要なリスク」などのレベルを設定するとよいでしょう。

Step 5 リスク対策整理

Step 4 で評価した結果を踏まえて、対応が必要なリスクに対する対策を検討します。対策を検討する際には、まず対応方針を定めて関係者で合意したうえで、具体的な作業内容や段取り、責任者、対応期日を明確にすることで実効性のある対策が期待できます。

Step 6 PIA 実施結果報告

PIA の取り組み状況（Step 1〜Step 7）について、社内外へ報告します。社内に向けては、**アドバイザリーボード**[13] や既定フォーマットの報告事項（表4-2）などで、求められている記載要件に従って報告書を準備・報告します。社外に向けても、既定フォーマットがある場合はそれに従うことに加え、とくにユーザーが享受する便益とリスク内容・対策をわかりやすく取りまとめて報告することが理想です。

---

13 社外の有識者によって構成される、助言や提案を目的に設置された諮問委員会のこと。

4-2　プライバシーガバナンスを強化する PIA　|　079

表 4-2　PIA 実施結果報告書の報告事項例

目的	報告項目	報告内容
社内向け報告	PIA 実施結果サマリ	PIA 案件概要、取組施策概要、リスク評価結果サマリ、報告内容確認者一覧
	プライバシーリスク	関連法規制／ガイドライン、プライバシー論点、リスク特定結果、リスク評価結果、リスク対策案
	契約関係図	PIA 対象事業に関わる各プレイヤー間の契約関係（E. g. 委託、第三者提供、共同利用）
	データ処理フロー	個人データの収集〜廃棄における各関連プレイヤーのデータ処理内容、データ連携フローの整理結果
	取扱データ	PIA 対象事業で取り扱い予定の個人データに関する情報整理結果（データマッピング結果）
	報告会議における質疑応答	アドバイザリーボードなどでの関係者や有識者のコメントや質疑応答内容
	（参考）PIA 実施体制	PIA の実施・運用体制
社外向け報告	PIA 実施概要	PIA の目的、運用体制、運用フロー、対外コミュニケーション方針など
	PIA 対象案件	PIA 対象の事業内容（E. g. サービス内容、取扱データ）
	PIA 実施体制	PIA の実施・運用体制
	PIA 実施方法	PIA の進めかた（何をインプットに、何を参照し、どのようにリスクを抽出・評価したのか）
	プライバシーリスク	関連法規制／ガイドライン、プライバシー論点、リスク特定結果、リスク評価結果
	プライバシーリスク対策	リスク対策内容、対策完了見込み時期

Step 7　リスク対策実施

Step 5 で整理した対策内容に沿って、必要なアクションを講じます。リスク対応状況については、定期的にそれをモニタリングするしくみ（タスク管理ツール、監視体制、報告会議体など）を導入して、定常的に運用させる必要があります。

PIA はワンショット的に一度実施すればよいものではありません。法律の改正や社会的なプライバシーへの関心トレンドの変化、サービスやシステム機能の拡張などに合わせて定期的に見直して、新たなリスク対策の

提示や情報更新に努めることが大切です。

④ PIA とセキュリティ対策

PIA を実施していると、情報セキュリティ対策とセットで検討や対応が必要なことが多々出てきます。そのため、プライバシーリスク対策と情報セキュリティ対策を同義に捉えるケースも発生しています。

情報セキュリティ対策は、営業機密などの守るべき情報資産を指定して、**機密性**（許可された者だけが情報にアクセス可能である状態）や**完全性**（情報やデータが最新で欠損や不具合がない状態）、**可用性**（システムが継続的に安定稼働している状態）を確保するという、事業者の目線で情報の安全を守り安定的に活用することを中心とした活動です。

一方でプライバシー保護は、個人情報（氏名、住所、生年月日など）を保護することに限らず、事業者がサービスや製品を通して収集するユーザー情報（ユーザー ID、位置情報、ウェブ閲覧履歴、購買履歴など）への配慮が求められ、ユーザーや顧客の目線で対外のコミュニケーションを中心とした活動です。

具体的には、ユーザーや社会から受け入れられるサービス・ビジネスであることを倫理的な観点で検証し、ユーザーから取得する個人情報の利用目的を特定してユーザーに通知し、その利用目的の範囲内で取得したデータを取り扱い、不要となったら速やかに廃棄する、さらに利用目的を変更する場合や個人情報を第三者へ提供する場合にはユーザーの同意を取得し、ユーザーからのリクエスト（データの開示や消去の請求など）に対応し、仮に情報漏洩が発生した場合にはユーザーや個人情報保護委員会に報告するなど、ユーザーや顧客との関係を意識した外向きな活動であり、内向きな活動である情報セキュリティ対策とは本質的に異なります（図4-4）。

仮に従来の情報セキュリティ対策の延長でプライバシー保護対策を試みようとすると、マネジメント目線では費用対効果が不明確なためプライバシー保護に関する投資を劣後させる、システム担当者目線ではプライバシー保護が通常業務に追加されることで業務効率が低下するため、プライ

4-2　プライバシーガバナンスを強化する PIA　│　081

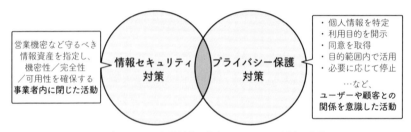

図 4-4　プライバシー保護対策と情報セキュリティ対策の位置づけ

バシー保護よりもシステムの安定運用を優先する、といったプライバシー保護対策の不全リスクを高めてしまいかねません。情報セキュリティ対策とプライバシー保護対策ではアプローチの原則が異なるため、情報セキュリティ単体ではプライバシー保護に必要な思想やスキルセット、実効性を満たすことが難しい点に注意が必要です。

4-3 PIAを組み込んだプライバシーガバナンス体制

　最後に、PIAの取り組みや運用を定着化させるための組織体制を考えてみましょう。ここで必要となるのは、法務やセキュリティなど多様な部門を横断して活動できる、**プライバシー保護組織**です。まずは、どんな役割と機能が必要となるのか確認したのち、事例と導入方法を見ていきます。

① プライバシー保護組織の役割と機能

　PIAを含むプライバシーガバナンス強化を推進する組織体制の理想形は、独立したプライバシー保護組織を設置して、プライバシー関連対応の効率化とナレッジの蓄積を図ることです。

　プライバシーガバナンスの体制としてよく見られるものは、法務・情報システム・情報セキュリティなど特定部署の配下にプライバシー保護チームを設置して、組織全体のプライバシー対応の窓口や推進を担うケースです。また、個人情報を取り扱う各部署内でプライバシー保護担当者を設置

して、部門ごとにプライバシー対応を推進するケースも多く見られます。

　しかしこれらの場合、ビジネス部門がプライバシーに関する相談や依頼を行うとき、各部門へ個別の照会が必要となります。社内コミュニケーションは増加し、手続きが煩雑になる懸念があります。また、プライバシー対策の知識や経験を組織全体で蓄積・活用することも困難でしょう。

　理想的な体制は、組織として一元的にプライバシー対応を担えるよう、各部門の知見を備えた混成組織としてプライバシー保護組織を設置することです。プライバシー保護組織を部門横断で設置することで、煩雑で増加しがちな部門間のコミュニケーションを円滑化させ、組織全体でプライバシー対策を形式知化するしくみを作ることができます（図4-5）。

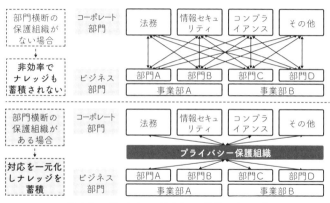

図4-5　プライバシーガバナンス体制のイメージ

　国のガイドブック[14]によると、プライバシー保護組織の役割は、プライバシー保護責任者を中心として、リスクの特定や分析、評価、対応、継続的なレビュー、見直しといったリスクマネジメントを機能させることとされています。

14　経済産業省・総務省「DX時代における企業のプライバシーガバナンスガイドブック＿ver1.3」pp.27-29. https://www.soumu.go.jp/main_content/000877678.pdf

パーソナルデータを利活用する企業が、プライバシーガバナンスを機能させるためには、組織内の各部門の情報を集約し、各事業におけるプライバシーリスクを漏れなく見つけ、プライバシーリスク管理（リスクマネジメント）を行い、対応策を多角的に検討することが必要となる。リスクの特定、分析・評価、対応、継続的なレビュー・見直しといったリスクマネジメントの機能を、社内の体制の中に実装していく必要がある。

　経営者は、上記を実現するため、プライバシー保護責任者を中心として、中核となる組織（以下、「プライバシー保護組織」という。）を企業内に設けることが望ましいと考えられる。

　単にプライバシー対応を行うだけでなく、プライバシー保護の文化を自社内に定着させ、自社のプライバシー保護対策をブランディング活動の一環として積極的に外部に発信していくことが重要です。その結果として、社会からの信頼を獲得して、事業者価値やサービス価値を向上させることが期待されています（図 4-6）。

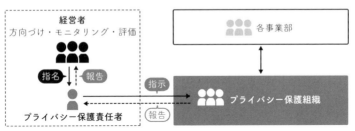

図 4-6　プライバシー保護組織のイメージ（総務省・経済産業省「DX 時代における企業のプライバシーガバナンスガイドブック ver. 1.3」p.28 より引用）

　続いて、プライバシー保護組織の機能を確認しましょう。野村総合研究

15　野村総合研究所「プライバシーガバナンスの教科書」中央経済社、2022 年。プライバシー専門人材を支援する国際的な非営利団体である国際プライバシー専門家協会（IAPP: International Association of Privacy Professionals）のレポート、"IAPP-EY Annual Privacy Governance Report 2021_Responsibilities of the Privacy Team" の pp.56-58 が基になっています。https://papers.ssrn.com/sol3/papers.cfm?abstract_id=4227244

所が整理した情報[15] によると、プライバシー保護組織の機能は「ルール策定」「リスク対策」「意識向上・教育」「対外活動」の4つに分類できます（表4-3）。

表4-3　プライバシー保護組織の機能の例

ルール策定	・プライバシー法規制や立法動向のフォロー ・炎上事例やプライバシー問題事例の収集 ・規約やポリシー、手順、ガバナンスの策定 ・プライバシーリスク評価基準の策定 ・プライバシー法規制への対応　など
リスク対策	・データ資産の棚卸し、基本情報整理（データマッピング） ・プライバシー・バイ・デザインの組織内浸透、実践 ・データ利活用における倫理的な審査、意思決定 ・プライバシー影響評価（PIA）の実行、管理 ・プライバシー関連の相談対応、モニタリング ・データの越境移転における適切性の確保　など
意識向上・教育	・プライバシー保護に対する組織の理解や意識醸成 ・プライバシー保護に関する社員研修 ・プライバシー保護担当者の育成　など
対外活動	・インシデント発生時の対外発信、報告、問い合わせ対応 ・情報開示や訂正、消去などユーザーからの請求対応 ・プライバシー対応に関する社内活動の発信　など

　プライバシー保護組織の活動を実効性のあるものに仕立てていくために、このような機能を参考にしつつ、人材の獲得や育成、配置を検討するとよいでしょう。

② プライバシー保護組織の事例と導入のための3ステップ

　部門横断のプライバシー保護組織を設置している一例として、リクルート社が挙げられます。2-2節の②で「本人同意がないデータ外販による炎上」として紹介しましたが、同社は2019年に、就活生の内定辞退率に関わる自社の個人データの不適正利用が問題視されました。その事件を契機に、外部人材の活用も合わせたプライバシー専門組織「データプロテクション＆プライバシー部」を立ち上げ、組織全体のプライバシー保護の方針・基準立案や事業側のプライバシー保護対応について、複眼視点で評価を行っています（図4-7）。

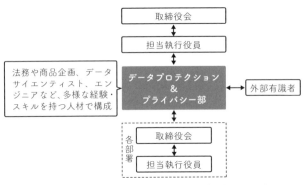

図4-7 リクルート社のプライバシー保護体制イメージ

とはいえ、すべての事業者が一足飛びにプライバシー保護組織を設置することは、リソースの制約やノウハウ不足などの要因により、難易度が高いのが現状です。そこで、プライバシー保護組織を設置するための、段階的なステップの案を紹介します（表4-4）。

表4-4 段階的なプライバシー保護組織の構築ステップ案

Step 1 役割・機能の定義	Step 2 組織運営の試行	Step 3 組織運営の定着化
・PIAなどのプライバシー対応を、個別案件に対して実施する ・プライバシー対応結果を踏まえ、プライバシー対応を担うための組織に必要な役割や機能を整理する	・プライバシー保護組織を、既存部門（ビジネス部門やコーポレート部門など）の配下に設置する ・組織メンバーは、兼務者や出向者を中心に組成する ・プライバシー保護組織が中心となり、社内のプライバシー対応を推進する	・プライバシー保護組織を、既存部門とは独立させたかたちで（部門横断組織として）設置する ・組織メンバーは、兼務者や出向者のほか専任メンバーを交えるかたちで組成する ・プライバシー対応を恒常的な活動として社内に定着させる

1つずつ確認していきましょう。

Step1 役割・機能の定義

まずは、自社のプライバシー保護組織に求められる役割や機能を、個別案件のプライバシー対応と合わせて定義します。①で述べたような「一般的に必要とされているプライバシー保護組織の役割や機能」に対して、

「自社ならではの考慮すべきポイント」を踏まえて、体制の枠組みを整理します。

「自社ならではの考慮すべきポイント」については、自社の業態やサービス特性に応じた検討が必要です。たとえば、地方自治体や公共性の高いサービスを提供している事業者であれば、地域住民との丁寧なコミュニケーションや明確な合意形成が必要です。また、公共事業の場合、倫理観点でのチェック機能がほかの民間事業者と比較してより重要視される場合があるため、それらを担う役割・機能をプライバシー保護組織内に設置する必要があります。

なお、これらの「自社ならではの考慮すべきポイント」のアイディア出しは、机上で議論をするよりも、実際の個人データ活用案件に対するプライバシー対応の実践を通して行うことをおすすめします。そのほうが、より解像度高く、現場の状況に即したアイディア出しが行えます。

Step 2 組織運営の試行

Step 1 で組織の役割・機能を定義できたら、暫定的な措置として、タスクフォース的に組成した「プライバシー保護チーム」にそれらの役割と機能を持たせます。この「プライバシー保護チーム」は、プライバシー対応を問題なく推進できることを検証するための試験的な組織であるため、プライバシー対応の成果を1つでも多く創出することを目指して運営することが望ましいでしょう。

プライバシー保護は、従来の情報セキュリティや法務対応とは本質的に異なる活動であることから、求められる人材のスキルセットも異なります。ゆえに専任メンバーを確保することが難しいため、まずは各部門の既存メンバーを中心に、各々の視点でプライバシー保護やリスク対策のありかたを議論しつつ組織を運営することが現実的です。もちろん専任のメンバーを確保できることが理想ではありますが、とくに試行時は、兼務者や出向者を中心にメンバーを構成する方針でもよいと思われます。

4-3 PIA を組み込んだプライバシーガバナンス体制 | 087

Step3 組織運営の定着化

Step 2の成果を皮切りに、他部門や組織全体にプライバシー対応の活動を伝播させられたら、既存部門から独立させたかたちで「プライバシー保護組織」を正式に設置します。

この段階までくると、プライバシー保護組織に求められる役割・機能や業務内容がある程度明確になっています。そのため、組織運営に必要な人材のスキルセットや人数を踏まえて、専任メンバーの確保や育成に取り組みましょう。そして、社内におけるプライバシー対応の窓口や推進はすべてこの「プライバシー保護組織」に一元的に担わせることで、プライバシー対策ノウハウの蓄積・活用とコミュニケーションの最適化を目指します。

4-4 プライバシー人材の育成・確保、外部リソースの活用

プライバシー人材とは、個人情報やデータプライバシーに関する知識やスキルを持ち、企業や組織が法令遵守、リスク管理、データ利活用の最適化を行うために業務を遂行する人材を指します。

個人データが増えて、その活用とリスクが増すことで、プライバシー人材の需要も増えています。

情報セキュリティ監査などを行う国際的団体である**ISACA**（Information Systems Audit and Control Association）のレポート[16] によると、プライバシー活動推進の阻害要因のトップは、「人員不足」になっています（図4-8）。法務・コンプライアンス職と技術職に分かれて調査されていますが、その両方が不足しています。とくに今後は技術職の不足が予測されており、企業は人材確保が重要になるでしょう。

---

16 ISACA「Privacy Staff Shortages Continue Amid Increasing Demand for These Roles, According to New Study」https://www.isaca.org/about-us/newsroom/press-releases/2023/privacy-staff-shortages-continue-amid-increasing-demand-for-these-roles

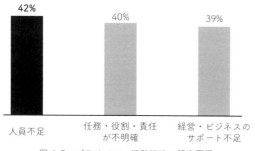

図 4-8　プライバシー活動推進の阻害要因

① プライバシー人材の育成

プライバシー人材を確保するにあたって、人材市場が不足している状況にあります。そのため、内部リソースから配置転換などによって育成することが有力なアプローチになります。

法務・コンプライアンス職であれば、一般法務職の人材をプライバシーの専門人材に育成することが考えられるでしょう。その場合、表4-5のような要素を学ぶことが求められるでしょう。

表 4-5　一般法務職がプライバシー人材に転向する際に学ぶべきこと

学ぶべき要素	例
国内における一般的な法規制	個人情報保護法およびガイドラインなど
医療などの業界特有の法規制	次世代医療基盤法など
倫理的な価値観	過去の炎上事例など
グローバル法規制	GDPR など
プライバシーリスク分析	PIA

また、技術職であれば、情報システム職の人材に、プライバシーテックを含めた要素を学んでもらうことが考えられます。その場合、表4-6のような要素を学ぶことが求められるでしょう。

表 4-6　情報システム職がプライバシー人材に転向する際に学ぶべきこと

学ぶべき要素	例
プライバシーテックの技術要素	秘密計算・連合学習・合成データなど
匿名化・仮名化などのデータ処理	ハッシュ化・暗号化など
プライバシーリスク評価	技術的観点からのプライバシーリスク分析
パーソナルデータマネジメント	データカタログなど

　法務・コンプライアンス職と技術職は、相互に密接な関連性があります。実際、法律面からはデータ処理の適切さを決めることができない部分があり、その場合は技術的な安全性に基づいて設計することがあります。その逆で、技術的には安全と言えると仮定した場合でも、法規制の前提をクリアすることができておらず、その技術アプローチを採用することが難しい場合もあります。法律・技術の両面を適切に理解することは、プライバシー領域では非常に重要な点になります。

　そのため可能であれば、法務・コンプライアンス職もプライバシーテックなどの技術内容を理解するとともに、技術職もプライバシー法規制を学ぶなど、専門性を跨いだ人材育成を行うことで、非常に強力なプライバシー専門組織を構築することができるでしょう。

② 外部リソースの活用

　上記のとおり、人材育成は専門性が求められるため、早期に体制を構築することは容易ではありません。その場合、内製化を図りつつも、外部リソースの活用も検討することが有用です。たとえば法律事務所は個人情報保護法などの法律面を中心にした対応アドバイスを、コンサルティング会社はプライバシーガバナンス構築支援やパーソナルデータ利活用プロジェクト支援を、システム会社はパーソナルデータ加工処理ツールの提供などを、それぞれの強みからプライバシー関連サービスを提供しています。自社の補完したい領域と合わせて外部リソースの活用についても検討するとよいでしょう。その場合も、法律・技術の両面をカバーできるように、社内・社外のリソースを組み合わせた体制構築を心がけてください。

外部リソースを活用する際は、表の点に留意しましょう。

表 4-7　外部リソースを活用する際の留意点

留意する点	例
自社として達成したいことは何か	プライバシーガバナンス体制の構築　など
自社リソースで対応できない領域は何か	プライバシー影響評価の実務　など
外部リソースの得意・不得意は理解しているか	データ処理そのものを任せたいなら、SIer が適切　など

Column 03

Acompany 社でのプライバシー人材育成の取り組み

　ここでは、著者らが所属する Acompany における、プライバシー人材の育成に関する取り組みを紹介します。Acompany の場合、プライバシー法務とプライバシーテックのチームはそれぞれ分かれています。プライバシー法務のチームは、法学部を卒業し企業法務を経験した方で構成されています。また、プライバシーテックのチームは主に数学や暗号技術を専攻した IT エンジニアの方で構成されています。つまり、プライバシー法務とプライバシーテックでは、メンバーのバックグラウンドが大きく異なっています。

　パーソナルデータの活用を検討する際に、法律など規制面の考えかたと、技術の考えかたでは異なることが生じます。たとえば、技術的に先進的で安全と言われるような技術であったとしても、法規制では「社会的に十分な検証が行われておらず、安全と認めるには時期尚早」と捉えられることがあります。Acompany では社会的に新しい技術開発を行うことが多く、事業開始当初は両チーム間で「これは技術的には安全なのに、なぜ法律面から検討すると採用するのが難しいのか」となるようなケースが多く発生し、コミュニケーションに苦労しました。両チームそれぞれが、お互い持ち合わせる知識への理解が不足していたため、このようなことが生じていました。

これを解消するため、双方で勉強会を行いました。プライバシー法務チームは個人情報保護法をはじめ、プライバシー規制に対する考えかた、ユースケースにおける法的見解の説明などをプライバシーテックのエンジニアに対して実施しました。プライバシーテックチームは、秘密計算などAcompanyが開発している技術を中心に、その原理やデータ処理の詳細についての説明を行いました。

次に、両者で特定のユースケースに対して、プライバシー面の安全性を技術・法律の両面から議論する場を持ちました。これらは1つのテーマによって数回、多いときは十数回と議論を行うことで、双方の認識ギャップ解消を行いました。ときには、外部の弁護士など有識者に確認も行うこともありました。

このような過程を経ることで、組織全体で知識レベルが高まり、徐々にスムーズな議論を行うことができるようになりました。また、ある技術開発に法的観点から問題が見つかった際には、その問題を解決するためのアイディアが盛り込まれ、技術開発がアップデートされるというケースも生まれています。

いまでは、プライバシーに関する勉強会をセールス担当にも実施しており、セールス担当が顧客の課題を、技術・法律の両面から理解できるように努めています。そのため、セールス担当もある程度顧客の課題内容を理解し、社内でどのチーム（法務または技術なのか）を絞り込んだうえで相談ができるようになっています。

一方で、Acompanyでも組織が拡大してきており、新しい参画者がプライバシーに関する専門知識を習得することが難しい、という問題も生じてきています。今後は、これらのプライバシー人材育成を、より効果的・体系的に取り組むことが挑戦になっています。

5章

個人データの定義と
活用における注意点

5.1 個人に関する情報の定義

5.2 個人データ活用で考慮すべきポイント

5.3 個人情報の活用スキームと
通知や同意の要否

5.4 適切な活用スキームの検討

5.5 個人データの越境移転

本章では、法規制を踏まえて、実際に個人情報を活用する際に注意すべき点や行うべき対応を説明します。個人情報の活用を検討する実務担当者が理解しておくべき最低限の内容に留めているので、詳細は弁護士などの専門家に確認することも合わせて検討してください。

まず、「個人データとは何か？」を正しく理解しましょう。

5-1 | 個人に関する情報の定義

ここまでの本文で、「個人情報」や「個人データ」という言葉が何度も登場しています。「どちらも同じじゃないか」と思う人もいるかもしれませんが、実は、この２つは個人情報保護法でそれぞれ異なる定義がされています。ほかにも、「個人関連情報」や「特定個人情報」など、一見すると類似しているように思える用語が複数存在します。これらの情報はそれぞれ利用可能な範囲などが異なるため、定義を正しく理解しておく必要があります。

本節では、個人データの活用の実務者が最低限理解しておくべき、個人に関する情報の個人情報保護法上の分類を説明します。説明するものは以下の７つです。

・個人情報
・個人データ
・保有個人データ
・仮名加工情報
・匿名加工情報
・個人関連情報
・特定個人情報

途中途中で、それぞれの違いなどを図示しつつ説明していきます。1つずつ見ていきましょう。

① 個人情報

個人情報とは、生存する個人に関する情報であって、以下のいずれかに該当するものをいいます。

① 氏名や生年月日など、個人の特定につながる情報（ほかの情報と容易に照合することができ、それにより特定の個人を識別できるものを含む）

② 個人識別符号（パスポートやマイナンバー、指紋などの生体情報）が含まれるもの

個人情報保護法では、以下のように定められています。

　この法律において「個人情報」とは、生存する個人に関する情報であって、次の各号のいずれかに該当するものをいう。

　①当該情報に含まれる氏名、生年月日その他の記述等（文書、図画若しくは電磁的記録（電磁的方式（電子的方式、磁気的方式その他人の知覚によっては認識することができない方式をいう。次項第二号において同じ。）で作られる記録をいう。以下同じ。）に記載され、若しくは記録され、又は音声、動作その他の方法を用いて表された一切の事項（個人識別符号を除く。）をいう。以下同じ。）により特定の個人を識別することができるもの（他の情報と容易に照合することができ、それにより特定の個人を識別することができることとなるものを含む。）

　②個人識別符号が含まれるもの

個人情報保護法　第2条1項1号・2号

　また、上述の「個人に関する情報」とは、氏名、性別、生年月日、顔画像などの個人を識別する情報に限られず、個人の身体、財産、職種、肩書きなどの属性に関して、事実、判断、評価を表すすべての情報であり、評

価情報、公刊物などによって公にされている情報や、映像、音声による情報も含まれ、暗号化などによって秘匿化されているか否かを問いません（個人情報保護委員会のガイドラインQ＆A）。

② 個人データ

個人データとは、データベース化された個人情報[1]のことをいいます。ここでいう「データベース化」とは、媒体（コンピューター、アプリケーション、紙面など）にかかわらず、体系的に情報が整理され、特定の個人情報を容易に検索できる形式で保有している状態を指します。つまり、手書きの紙の帳簿なども該当します。第三者への提供などの個人データの活用を行う場合、事前に本人の同意を取得することが必要です。

個人情報保護法では、以下のように定義されています。

①特定の個人情報をコンピュータを用いて検索することができるように体系的に構成したもの

または

②コンピュータを用いない場合であっても、紙面で処理した個人情報を一定の規則（たとえば、五十音順や生年月日順など）に従って整理・分類し、特定の個人情報を容易に検索することができるよう、目次、索引、符号等を付し、他人によっても容易に検索可能な状態においているもの

個人情報保護法　第2条1項1号・2号、施行令4条2項

③ 保有個人データ

保有個人データとは、個人データのうち、そのデータを保有している事業者が、開示・編集・削除などの一定の取り扱いが可能なデータのことをいいます。

個人情報保護法では、以下のように定義されています。

---

1 ①個人情報に関する説明文のなかの「個人に関する情報」と同じ意味です。

個人情報取扱事業者が、開示等（開示、内容の訂正、追加または削除、利用の停止、消去および第三者への提供の停止）を行うことのできる権限を有するもの
　かつ
　存否が明らかになることにより公益その他の利益が害されるものに当たらないもの

個人情報保護法　第16条4項

　ここで、「個人情報」「個人データ」「保有個人データ」の関係を簡単に整理しておきましょう（図5-1）。分類に応じて課せられる義務も異なっています。

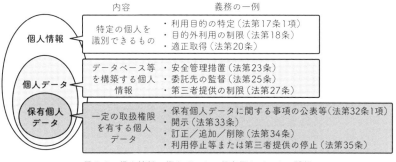

図5-1　個人情報・個人データ・保有個人データの関係

④ 仮名加工情報

　ここまでの説明で、データベース化された個人情報が個人データであり、かつ、事業者が編集や削除などの取り扱い権限を所有している個人データが保有個人データだ、という関係がわかりました。続いて、加工などにより細分化された個人情報の分類を確認していきます。最初は仮名加工情報です。

仮名加工情報とは、ほかの情報と照合しない限り、特定の個人を識別できないように加工された個人に関する情報のことです。つまり、個人情報の一部を切り抜いてきて、その情報単体では誰かわからない状態にしたものです（表5-1）。

表 5-1　仮名加工情報の例

会員ID	氏名	年齢	性別	サービス利用歴
0176860	田中一郎	27	男	サイト訪問のみ
5123899	佐藤花子	26	女	商品購入
6240991	鈴木トニー	35	男	商品返品
7902510	山田二郎	52	男	商品購入

↓

会員ID	氏名	年齢	性別	サービス利用歴
0176860	hskah8di	27	男	サイト訪問のみ
5123899	avh29ll1	26	女	商品購入
6240991	asotrjkk	35	男	商品返品
7902510	bc25hj83	52	男	商品購入

不可逆変換
もしくは削除

個人情報保護法では、以下のように定義されています。

　この法律において「仮名加工情報」とは、次の各号に掲げる個人情報の区分に応じて当該各号に定める措置を講じて他の情報と照合しない限り特定の個人を識別することができないように個人情報を加工して得られる個人に関する情報をいう。

　第1項第1号に該当する個人情報　当該個人情報に含まれる記述等の一部を削除すること（当該一部の記述等を復元することのできる規則性を有しない方法により他の記述等に置き換えることを含む。）。

　第1項第2号に該当する個人情報　当該個人情報に含まれる個人識別符号の全部を削除すること（当該個人識別符号を復元することのできる規則性を有しない方法により他の記述等に置き換えることを含む。）。

個人情報保護法　第2条5項

仮名加工情報の第三者への提供は、法令に基づく場合を除き、本人の同意を取得した場合であっても認められません[2]。ただし、委託や事業承継、また共同利用の場合には、データの提供元である仮名加工情報取扱事業者と提供先の事業者を一体として取り扱うことに合理性があるため、仮名加工情報を提供することが可能となります[3]。

⑤ 匿名加工情報

匿名加工情報とは、特定の個人を識別できないように個人情報を加工された個人に関する情報であって、当該個人情報を復元できないようにした情報のことをいいます（表5-2）[4]。

個人情報保護法では、以下のように定義されています。

この法律において「匿名加工情報」とは、次の各号に掲げる個人情報の区分に応じて当該各号に定める措置を講じて特定の個人を識別することができないように個人情報を加工して得られる個人に関する情報であって、当該個人情報を復元することができないようにしたものをいう。

第1項第1号に該当する個人情報　当該個人情報に含まれる記述等の一部を削除すること（当該一部の記述等を復元することのできる規則性を有しない方法により他の記述等に置き換えることを含む。）。

第1項第2号に該当する個人情報　当該個人情報に含まれる個人識別符号の全部を削除すること（当該個人識別符号を復元することのできる規則性を有しない方法により他の記述等に置き換えることを含む。）。

個人情報保護法　第2条6項

---

2 個人情報保護法41条6項、42条1項。
3 個人情報保護法41条6項により読み替えて適用される27条5項各号、および個人情報保護法42条2項により読み替えて準用される法27条5項各号。
4 表中の住所は存在しない住所です。

表 5-2 匿名加工情報の例

会員 ID	氏名	年齢	性別	住所	サービス利用歴
0176860	田中一郎	27	男	大阪府大阪市北区北町 8-121	サイト訪問のみ
5123899	佐藤花子	26	女	大阪府大阪市中央区下町 9-3-33	商品購入
6240991	鈴木トニー	35	男	東京都目黒区洗足三丁目 4-2-1	商品返品
7902510	山田二郎	52	男	東京都目黒区青葉台六丁目 1-2-3	商品購入

↓

会員 ID	氏名	年齢	性別	住所	サービス利用歴
Hagw7ciu		27	男	大阪府大阪市	サイト訪問のみ
8kwbcoq4		26	女	大阪府大阪市中	商品購入
gsn72510t		35	男	東京都目黒区	商品返品
61bdcokhu		52	男	東京都目黒区	商品購入

不可逆変換
もしくは削除　　削除　　　　　　　〇〇県△△市レベルに置き換え

　匿名加工情報の第三者への提供は、本人の同意を得ることなく実施可能です。

⑥ 個人関連情報

　個人関連情報とは、生存する個人に関する情報であって、個人情報・仮名加工情報・匿名加工情報のいずれにも該当しない情報のことです。つまり、ここまで述べた①〜⑤のどの分類にも該当しない個人に関する情報が、個人関連情報として分類されます。

　個人情報保護法では、以下のように定義されています。

「個人関連情報」とは、生存する個人に関する情報であって、個人情報・仮名加工情報・匿名加工情報のいずれにも該当しないものをいいます。

個人情報保護法　第2条7項

具体的には、以下のような情報が該当します。

・Cookie
・IP アドレス
・端末 ID（広告 ID）
・位置情報
・ウェブ閲覧履歴
・商品の購買履歴　など

ただし、個人関連情報であっても、個人情報と**容易照合性**[5]がある場合には個人情報となることに注意が必要です。

また、個人関連情報への加工要件は、現行の個人情報保護法上規定がありません。加工が不十分な場合には、個人関連情報とならない（個人情報のままである）リスクが存在する点には注意が必要です。一般的に、個人関連情報とするには、匿名加工情報よりも強度の高い加工[6]が求められます。

さらに、個人情報や個人データを個人関連情報に加工することにより、元の情報と比較して粒度が粗くなってしまうため、情報の価値（有用性）が下がってしまう点にも留意が必要です。

ここで、「個人情報」「仮名加工情報」「匿名加工情報」「個人関連情報」の関係を簡単に整理しておきましょう（図5-2）。

---

5 他の情報と照合することで、容易に特定の個人を識別できる状態のこと。
6 加工に用いられる手法として、k-匿名化などの技術があります。これらの技術に関しては、6章でくわしく説明します。

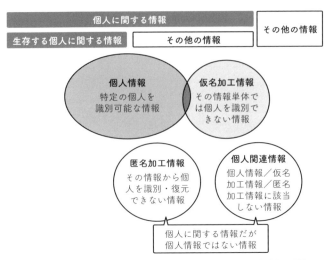

図 5-2　個人情報・仮名加工情報・匿名加工情報・個人関連情報の関係

　これらの違いを、「データの価値」「データの活用可能量」「本人の同意の要否」「データの加工方法」の 4 点からまとめたものが、表 5-3 です。

表 5-3　個人情報・仮名加工情報・匿名加工情報・個人関連情報の主な差異

	個人情報	仮名加工情報	匿名加工情報	個人関連情報
データの価値	大			小
データの活用可能量	少			多
第三者提供の本人同意	必要	不可[7]	不要[8]	不要
データの加工方法	—	明確（規定あり）	不明確（規定なし）	

　まず、データの価値の観点では、個人情報＞仮名加工情報＞匿名加工情報＞個人関連情報の順に情報粒度が粗くなるため、「個人情報」の価値が最も大きく、「個人関連情報」の価値が最も小さくなるといえます。

　また、データの活用可能量の観点では、個人情報を第三者に提供する場

---

[7] 第三者提供は不可。仮名加工情報を他事業者と共同利用する場合、共同利用を公表することで本人の同意が不要となります。
[8] ただし公表は必要です。

合には本人の同意が必要なため、同意取得や再同意取得のハードルを考慮すると、「個人情報」の活用可能量はその他に比べて低くなる傾向があります。

加えて、個人情報を第三者に提供するときにおけるユーザー本人の同意要否の観点では、個人情報は必要、仮名加工情報は第三者提供が不可で共同利用のみ可能、匿名加工情報と個人関連情報は不要となります。

加工方法の観点では、仮名加工情報と匿名加工情報には、現行の個人情報保護法で加工方法の規定が存在します。しかし個人関連情報には規定が存在しないため、各事業者のデータ活用の目的に応じつつ、特定の個人を識別できないように（照合もできないように）加工する必要があります。

⑦ 特定個人情報

最後に、取り扱いにとくに注意を要する**特定個人情報**を確認しましょう。特定個人情報とは、マイナンバーを含む個人情報のことです（図5-3）。

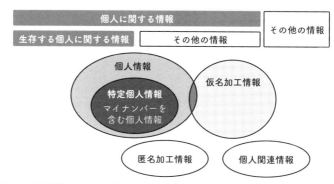

図5-3 個人情報・仮名加工情報・匿名加工情報・個人関連情報・特定個人情報の関係

マイナンバー（個人番号）とは、行政の効率化や国民の利便性の向上を目的として、日本の住民票を持つすべての人に対して割り振られた12桁の数字のことです。基本的に、一生涯変わることはありません。生存する個人のマイナンバーは「個人情報」に該当しますが、亡くなられた個人のマイナンバーは「個人情報」には該当しない、とされています。マイナンバーが含まれる特定個人情報は、使用用途が3つに限定されています。

・各種税金（届出書、確定申告、調書などへの記載）
・社会保障（年金関連や給付、生活保護、医療保険などに関する各種手続き）
・災害関連（被災者台帳の作成事務、被災者生活再建支援金の給付）

　使用用途が限定されているのは、特定個人情報が、社会保障や税、災害対策その他の行政分野において、個人情報を複数の機関の間で紐づけるものであり、住民票を有するすべての人に一人一番号で重複のないように住民票コードを変換して得られる番号であって、一度漏洩が起こると、個人情報の不正な追跡・突合が行われ、マイナンバーの持ち主の権利や利益が危険にさらされてしまうためです[9]。個人情報のように活用幅を広げることは禁止されています。

　特定個人情報は、主に**番号法（マイナンバー法）**でその取り扱いが定義されています（表5-4）。番号法における「特定個人情報」は、個人情報保護法における「個人情報」よりも厳格な各種保護措置が設けられている一方で、安全管理措置については法律上求められる基本的な要素は共通しており、基本的に差異はありません。

5-2 個人データ活用で考慮すべきポイント

　次に、個人データの活用を企画する際に、考慮すべきポイントを3つ示します。

① 利用目的
　個人情報保護法では、個人情報を収集する際は**利用目的**を示す必要がある、と定められています。これは、収集したデータを「どのように用いる

9　個人情報保護委員会「特定個人情報の適正な取扱いに関するガイドライン（事業者編）」
https://www.ppc.go.jp/legal/policy/my_number_guideline_jigyosha/#a4-1

表 5-4　特定個人情報に関する法律と主な差異

比較の視点	個人情報保護法	番号法（マイナンバー法）
利用目的	利用範囲にとくに制限はなく、事業者が自由に利用目的を設定可能	税・社会保障・災害対策の範囲内での設定が必要
不要となった情報の取り扱い	遅滞なく消去するよう努めるべし	所管法令で定められている保存期間を経過した場合、できるだけ速やかな廃棄または削除が必要
第三者提供が可能な場合	本人の同意があれば可能	可能な場合が限定されている
第三者に提供した場合・第三者から受領した場合	原則として記録作成等が必要	第三者提供可能な場合が限定的なため、記録作成等が必要な場面が想定されていない
委託	委託先の監督が必要	委託先の監督に加えて、再委託する場合は最初の委託者の許諾が必要
安全管理措置	基本的な要素は共通	
漏洩等が発生した場合の対応	一定の場合に個人情報保護委員会への報告および本人への通知が法律上義務化されている点は共通しているが、規則上の要件が異なる	

か」をユーザーに明らかにするためです。利用目的に示した内容以外で、収集した個人情報を用いることはできません。

　データ活用を考える場合は、この利用目的の範囲内であるかを確認する必要があります。利用目的の範囲といえない場合は、利用目的を変更して同意を取得するなど、何らかの対応を考える必要があります。データ活用においては、個人データ取得後に新しい利用アプローチが考案されることもままあるので、その点で注意が必要です。

② 第三者提供

　第三者提供とは、その名のとおり、第三者へ個人データを提供することです。個人情報保護法では、ある事業者が収集した個人データを第三者へ提供する際は、基本的に本人から同意を取得することが求められます。

5-2　個人データ活用で考慮すべきポイント　|　105

第三者提供の同意は、個人データの収集時などに本人から取得することが多いです。そのため、収集後に、当初は想定していなかった事業者へ個人データを提供することになる場合、本人から再度同意を取得する必要があります。これがユーザーや事業者の負担になることもあります。

③ 提供元基準

　提供元基準とは、第三者提供でデータを提供する際の基準としていわれるものです。少しわかりづらいので、「事業者Aが個人データを加工して事業者Bへ渡す」という例で考えてみましょう（図5-4）。

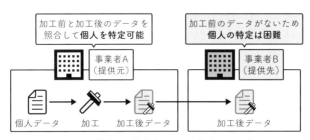

図5-4　提供元と提供先のデータ授受イメージ

　事業者Aが、自社の保有する個人データを加工して、氏名など個人を直接特定できる項目を削除したとします。このとき、この「加工後のデータ」は、匿名加工情報や個人関連情報、非個人情報ではないとします。そして、その「加工後のデータ」を事業者Bに渡します。

　事業者Aは加工前後のデータを持っているので、加工後のデータと加工前のデータを使って個人を特定できます。一方で、事業者Bは加工後のデータしか持っていないので、加工後のデータだけで個人の特定は困難です。このとき、事業者Aの個人データを加工した「加工後のデータ」の提供は、個人データの第三者提供に該当するでしょうか？

　提供元基準とは、このような場合に「事業者A（＝提供元）の立場から見て個人データであれば、第三者提供の同意が必要であると考えること」を指します。上記例の場合では、「加工後のデータは、提供元である

事業者 A にとっては個人データなので、第三者提供の同意が必要となる」ということになります。

日本の個人情報保護法では、この「提供元基準」が採用されています。そのため、個人データを第三者へ渡す際に、どのように加工したとしても、匿名加工情報や個人関連情報、非個人情報と評価されない限りは、本人からの同意が必要という整理になります。

5-3 個人情報の活用スキームと通知や同意の要否

自社の保有する個人データの利用目的を変更したり、第三者へ提供したりする際には、原則として本人の同意が必要です。これは現行の個人情報保護法の規定によるもので、事業者は、同意の取得、あるいは再取得の対応が必要です。同意取得ハードル[10] を考慮すると、同意を前提としたデータ活用は、取り扱えるデータ量も制約される可能性が高くなります。

では、本人の同意を必要としない個人データの活用方法はあるのでしょうか？　答えはイエスで、現行の個人情報保護法では、一定の条件下において本人の同意なしで個人データの活用が認められています。

本節では、「個人情報」や「仮名加工情報」などの個人に関する情報の種類と、「第三者提供」や「共同利用」という活用方法とを組み合わせて、それぞれのスキーム[11] における利用目的通知や同意取得の要否、および注意点を解説します。具体的には、表5-5 に示す 5 つのスキームについて述べます。

① 個人情報の第三者提供

まずは最も単純なケースから確認していきましょう。自社の保有する個人情報を第三者に提供する場合、ここまでで何度か述べているとおり、あ

---

10 同意を取得・管理するためのしくみや運用の設計〜実装コストのほか、ユーザーからの同意取得率の低下が懸念されます。
11 法律で定められている枠組みのこと。

5-3　個人情報の活用スキームと通知や同意の要否　｜　107

表 5-5　個人情報の活用スキーム

個人情報の第三者提供	・本人の同意を得て、個人データを第三者に提供する
個人情報の共同利用	・個人情報取扱事業者が、共同利用の利用目的を明示して取得した個人データを、共同利用の範囲の事業者に本人の同意なしに提供する
匿名加工情報	・特定の個人を識別することができないように個人情報を加工して得られる情報であって、当該個人情報を復元し再識別できないようにした情報を提供する ・あらかじめ本人の同意を得ることなく、第三者への提供が可能
仮名加工情報の共同利用	・他の情報と照らし合わせない限り、特定の個人を識別できないように個人情報を加工して得られる情報を共同利用の範囲の事業者に本人の同意なしに提供する
個人関連情報の第三者提供	・生存する個人に関する情報であって、個人情報、仮名加工情報および匿名加工情報のいずれにも該当しない情報を第三者に提供する ・提供先で個人データとして扱わない限り、本人の同意を得ることなく、第三者への提供が可能

らかじめ本人の同意を得る必要があります（図 5-5）。

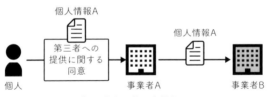

図 5-5　「個人情報の第三者提供」スキーム

　本スキームのメリットは、個人データの提供元が、個人データを第三者に提供することの同意を本人から取得することで、提供先の利用目的の範囲内で、提供先は個人情報を生データのまま活用可能であることです。利用目的や利用範囲が同意取得を行った範囲内である限り、個人を識別するアウトプットを出すことや、複数事業者間で個人データを突合して分析することも可能です。

　一方、本スキームのデメリットは、利用目的ごとの同意取得や、それに関する対応や期間を考慮する必要があることです。個人情報を取得した時点から利用目的を変える場合は、本人同意を再取得する必要があります。

また、活用時には個人情報の取得時におけるプライバシーポリシーや利用規約の確認・見直しが必要となる場合があります。

　本人から同意を（再）取得する場合、プライバシーポリシーや利用規約の変更などを通知し、あらためて第三者提供の同意をとることが必要となり、同意を取得した個人情報とそうでない個人情報を判別する対応（同意管理[12]）も必要です。そのため、同意取得可能な個人情報を多く準備するためには一定の時間を要する、必要な個人情報全量の同意取得が困難、などの考慮事項も発生します。

　本人の同意について、どの程度の対応が求められているのかは、個人情報保護委員会のガイドライン[13]を参考にしてください。以下に、当該ガイドラインの一部を引用します。

　「本人の同意」とは、本人の個人情報が、個人情報取扱事業者によって示された取扱方法で取り扱われることを承諾する旨の当該本人の意思表示をいう（当該本人であることを確認できていることが前提となる。）。

　また、「本人の同意を得（る）」とは、本人の承諾する旨の意思表示を当該個人情報取扱事業者が認識することをいい、事業の性質および個人情報の取扱状況に応じ、本人が同意に係る判断を行うために必要と考えられる合理的かつ適切な方法によらなければならない。

　なお、個人情報の取扱いに関して同意したことによって生ずる結果について、未成年者、成年被後見人、被保佐人および被補助人が判断できる能力を有していないなどの場合は、親権者や法定代理人等から同意を得る必要がある。

【本人の同意を得ている事例】
事例1）本人からの同意する旨の口頭による意思表示
事例2）本人からの同意する旨の書面（電磁的記録を含む。）の受領

12　詳細は本章最終のコラム「同意管理プラットフォーム（CMP）とは」で記載しています。
13　個人情報保護委員会「個人情報の保護に関する法律についてのガイドライン（通則編）」（2-16「本人の同意」）https://www.ppc.go.jp/personalinfo/legal/guidelines_tsusoku/

事例 3）本人からの同意する旨のメールの受信

事例 4）本人による同意する旨の確認欄へのチェック

事例 5）本人による同意する旨のホームページ上のボタンのクリック

事例 6）本人による同意する旨の音声入力、タッチパネルへのタッチ、ボタンやスイッチ等による入力

　なお、第三者提供の同意を得る場合、個人情報を提供する先である「第三者」の氏名や名称は、個人情報保護法上は明示することまでは求められていません。しかし、個人情報保護委員会のガイドラインＱ＆Ａでは、以下に引用するように提供先の範囲や属性を示すことが望ましいとされています。

（第三者提供の制限の原則）Q7—9　第三者提供の同意を得るに当たり、提供先の氏名又は名称を本人に明示する必要はありますか。

A7-9　提供先を個別に明示することまでが求められるわけではありません。もっとも、想定される提供先の範囲や属性を示すことは望ましいと考えられます。

　また、実態としては、以下の例文のように提供先の情報を公開しているケースが多く見られます。

「第三者提供の同意」の例文

　当社は、当社と契約関係にある企業に対し、お客様の個人データを第三者に提供することがあります。この場合における①個人データの提供先、②第三者に提供される個人データの項目、③第三者への提供手段・方法、④提供先での個人データの利用目的は以下のとおりです。

　①　個人データの提供先

　　　株式会社〇〇

　②　提供される個人データの項目

（例）氏名、生年月日、性別、住所、その他の登録情報

③ 提供の手段、方法

・電子管理媒体に記録された電子データを暗号化し、電子メールにて送信

・郵送

④ 提供先での個人データの利用目的

（例）お客様に対する広告配信のためにお客様の個人情報を広告配信サービス等を提供する事業者に提供する場合

Column 04
利用規約とプライバシーポリシーの関係

　利用規約は、当事者間の権利義務関係などを定めるものであるのに対して、プライバシーポリシーは、個人情報などの取り扱いに関する事項について通知・公表などを行い、さらに本人の同意を取得するものであり、両者の性質は大きく異なります。

　実務上、個人情報の取り扱いに関する事項については、利用規約のなかにまとめて規定して、利用規約とは別にプライバシーポリシーを作成しないこともあります。

　この場合であっても、個人情報保護法上は禁止されているものではなく、たとえば、取り扱う個人情報の量が少ない場合や、提供するサービスが個人情報に依拠する度合いが小さい場合には、あえてプライバシーポリシーを別途作成せずに、利用規約のなかに関連条項を定めたほうが合理的な場合もあります[14]。

　ただし、その場合であっても、個人情報の取り扱いについて定めている箇所が、ほかの箇所に埋没してしまわないように、ユーザーが容

---

14 松尾博憲ら編著「利用規約・プライバシーポリシーの作成・解釈」商事法務、2023年、pp.147-148。

易に認識できるように表示することが望ましいです[15]。

　プライバシーの保護に対する要請や社会の関心の高まりを踏まえると、利用規約とは別にプライバシーポリシーを作成したほうが、望ましい場合が多いと考えられます。

② 個人情報の共同利用

　続いて、自社の保有する個人情報を第三者と**共同利用**[16]する場合を見ていきましょう。この場合、あらかじめ共同利用の利用目的を明示したうえで個人情報を取得することによって、その個人情報は、共同利用範囲内の事業者に本人の同意なしで提供できます（図5-6）。

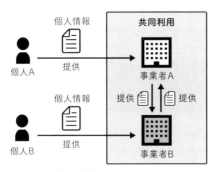

図5-6 「個人情報の共同利用」スキーム

　本スキームのメリットは、本人の同意なく個人情報を生データのまま活用可能なことです。

　一方、本スキームのデメリットは、共同利用時特有の対応が発生することです。個人データを第三者と共同利用する場合、以下5つの情報を、「ユーザー本人に通知する」か「ユーザー本人が容易に知り得る状態にお

---
15 個人情報保護委員会「個人情報の保護に関する法律についてのガイドライン（通則編）」(3-3-4 直接書面等による取得（法第21条第2項関係）) https://www.ppc.go.jp/personalinfo/legal/guidelines_tsusoku/#a3-3-4
16 単一事業者が取得した個人情報を、複数の事業者で一緒に使用すること。

く」かする必要があります[17]。

① 共同利用するということ
② 共同利用される個人データの項目
③ 共同利用者の範囲
④ 共同利用者の利用目的
⑤ 当該個人データの管理について責任を有する者の氏名または名称および住所並びに法人にあっては、その代表者の氏名

以下は、共同利用を示す際の例文です。

「共同利用」の例文

当社は、次の範囲内でお客様の個人データを共同利用いたします。

① 共同利用する個人情報の項目
プライバシーポリシー「1. 取得する個人情報」記載の情報
② 共同利用者の範囲
・当社グループ会社（詳細については「グループ会社情報」をご覧ください）
・提携先企業（A 社）
③ 共同利用の目的
プライバシーポリシー「2. 利用目的」記載の利用目的
④ 当該個人データの管理について責任を有する者の名称および住所ならびに代表者の氏名
株式会社△△（住所：東京都港区〇〇、代表取締役社長：□□）

留意すべき点として、共同利用を公表する以前に取得していた個人情報を共同利用する場合は、原則として本人の同意が必要です。同意が不要な

---

17 個人情報保護法第 27 条第 5 項の第 3 号。

のは、あくまで「共同利用を明示したあとで取得した個人情報」となります。

③ 匿名加工情報の第三者提供

今度は、個人情報の生データではなく、加工したデータについて見ていきましょう。自社の保有する匿名加工情報を第三者に提供する場合、あらかじめ本人の同意を得ることなく提供できます（図5-7）。

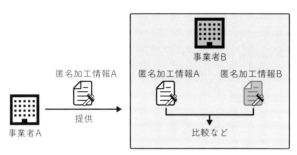

図5-7 「匿名加工情報の第三者提供」スキーム

本スキームのメリットは、本人の同意なしで匿名加工情報を活用可能なことです。利用目的による制限もなく、また提供先などの情報も明示する必要がない[18]ため、比較的自由にデータを流通させることができます。

一方、本スキームのデメリットは、加工要件が厳しいことです。匿名加工情報は、加工後のデータから元の個人情報を復元して、特定の個人を再識別することができないことを担保する必要があります。匿名加工情報は活用のための制限は少ないですが、そのぶん加工要件を満たしているかどうか慎重な検討と対応が必要です。

④ 仮名加工情報の共同利用

続いて、仮名加工情報を見ていきましょう。自社の保有する仮名加工情

---

18 なお、第三者に提供される匿名加工情報に含まれる個人に関する情報の項目およびその提供の方法については公表する必要があります。

報を第三者と共同利用する場合、あらかじめ共同利用の利用目的を明示することで、共同利用範囲内の事業者に本人の同意なしに提供ができます（図5-8）。

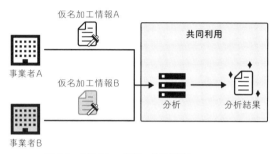

図5-8 「仮名加工情報の共同利用」スキーム

　本スキームのメリットは、本人同意を取得する必要がなく、また、過去に取得したデータも含めて活用可能であることです。仮名加工情報は、本人同意に伴う対応コストや期間などを考慮することなく、データの分析や活用が可能です。また、利用目的の変更が可能なため、過去に取得した個人データがある場合、これらのデータを共同利用目的に変更することで、本人の同意を取得する必要なく分析や活用が可能です[19]。
　一方、本スキームのデメリットは以下の3点です。

・共同利用特有の対応が発生すること
・個人の識別行為が禁止されていること
・共通IDの取り扱いについても注意が必要であること

　「共同利用特有の対応」については、個人情報の共同利用と同様に、あらかじめ共同利用に関する公表が必要です。

---

19 個人情報保護委員会「個人情報の保護に関する法律についてのガイドライン（仮名加工情報・匿名加工情報編）」（2-2-3-3 第三者提供の禁止等（法第41条第6項関係））
https://www.ppc.go.jp/personalinfo/legal/guidelines_anonymous/#a2-2-3-3

「個人の識別行為禁止」については、仮名加工情報は、当該仮名加工情報の作成に用いられた個人情報に係る本人を識別するために、当該仮名加工情報をほかの情報と照合することが禁止されています。そのため、複数の仮名加工情報を組み合わせて分析した場合に、その個人に対して1to1で広告を配信するなど直接何らかのアクションを実施することができません。

「共通 ID の取り扱い」も確認していきましょう。まず、仮名加工情報を連携する際、両データにおける A さんの情報どうしを正しく紐づけるためには、メールアドレスなどの共通する情報が必要となります。これを**突合キー**[20] といいます。実務において、突合キーは、個人情報あるいはそれに準ずる情報であることが多いという特徴があります。

事業者をまたいで仮名加工情報を連携する場合、個人情報を仮名加工情報に加工する場合に、あらかじめ両者が突合キーの加工方法を確認しておく必要があります。しかし事業者間で加工方法を事前に共有する行為は、個人情報保護法ではグレーな扱いとなっています[21]。

例として、事業者 A と事業者 B の保有する個人データに含まれるメールアドレス情報を**ハッシュ化**[22] して突合キーとして用いる場合、あらかじめ事業者 A と事業者 B でハッシュ関数を共通化させる必要がありますが、このような加工方法の共有はしないことが望ましいです。これは、仮名加工情報の元となった個人情報への復元可能性が懸念されるためです。

加えて、仮名加工情報はその性質上、原則として個人情報としての取り扱いが求められています（表5-6）。

---

20 突合キーは、あらかじめ仮 ID 化（仮名加工）しておく必要があります。詳細は、5.1 節「④仮名加工情報」参照。
21 個人情報保護委員会事務局レポート「仮名加工情報・匿名加工情報　信頼ある個人情報の利活用に向けて―制度編―」https://www.ppc.go.jp/files/pdf/report_office_seido2205.pdf
22 特定の計算手法（アルゴリズム）に基づいて、元のデータを無意味な文字列に置換（ハッシュ化）する処理。ハッシュ化を施す際のアルゴリズムにはハッシュ関数を用い、ハッシュ関数によって生成される無意味なランダム文字列はハッシュ値と呼ばれます。ハッシュ関数は、それを適用する元データによって異なるハッシュ値を返します。つまり、同じ元データからは同じハッシュ値が得られ、異なる元データからは別のハッシュ値が生成されます。

表 5-6　匿名加工情報と仮名加工情報の違い

匿名加工情報	「特定の個人を識別できないように個人情報を加工した情報であって、当該個人情報を復元できないようにしたもの」なので、完全な非個人情報として扱うことが可能
仮名加工情報	「他の情報と照合しない限り特定の個人を識別できない」状態にとどまるため、自社にとっては原則として個人情報である（そのため、他社に共有する方法が共同利用を活用するしかない）

　また、個人情報の共同利用と仮名加工情報の共同利用では、同じ「共同利用」スキームであっても利用や運用時の制約が異なるため、注意が必要です（表5-7）。

表 5-7　個人情報の共同利用と仮名加工情報の共同利用の主な違い

	個人情報の共同利用	仮名加工情報の共同利用
個人データの加工	生データとして利用可能	他の情報と照らし合わせない限り特定の個人を識別できないよう、（個人情報を加工して得られる個人に関する情報に）加工する必要あり
個人データの利用目的	変更前の利用目的と関連性を有すると合理的に認められる範囲を超えて変更はできない ※合理的に認められる範囲を超えて利用目的を変更する場合は、本人への再同意が必要[23]	取得した個人データの利用目的から制限なく利用目的を変更可能 ※過去に取得した個人データの利用目的を共同利用目的に変更することも可能
個人データの漏洩報告義務	報告義務あり	報告義務なし
開示・利用停止等の請求対応	対応の必要あり	対応の必要なし
識別行為の禁止	規定なし	識別行為は禁止されている

23　個人情報保護委員会「法第15条第2項において、利用目的の変更が認められると考えられる事例を教えてください。」https://www.ppc.go.jp/all_faq_index/faq1-q2-8/

⑤ 個人関連情報の第三者提供

最後に、個人関連情報を見ていきましょう。自社の保有する個人関連情報を第三者に提供する場合、提供先で個人データとして取得しない限り、あらかじめ本人の同意を得ることなく提供できます（図5-9）。

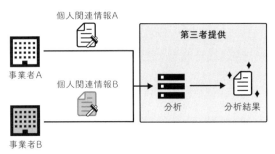

図5-9 「個人関連情報の第三者提供」スキーム

本スキームのメリットは、過去に取得したデータも含めて、本人の同意不要で活用可能であることです。個人情報に対して一定の加工を施して個人関連情報となった場合、第三者において個人関連情報を個人データとして取得することが想定されない限りは、第三者へ提供するにあたって本人の同意が不要となります。そのため、本人同意に伴う対応コストや期間などを考慮することなく、データの分析や活用が可能です。さらに個人関連情報は、個人情報に関する利用目的規制に服さないため、過去に取得したデータがある場合も、これらの分析や活用が可能です。

一方、本スキームのデメリットは、個人情報の個人関連情報化に関する加工要件が曖昧であることと、情報の価値（有用性）について検討が必要であることです。「個人関連情報化に関する加工要件」については、加工要件について現行の個人情報保護法上は規定がないため、仮に加工が不十分な場合には個人データを提供してしまうリスク（同意なき第三者提供をしてしまうという違法リスク）が存在することに留意が必要です。情報の価値については、個人関連情報を取り扱う場合には、元の個人情報と加工

後の個人関連情報間において、照合できないよう加工する必要があるため、情報の粒度が粗くなってしまう、抽象化されてしまうなど情報の価値が毀損してしまいます。

上述の個人情報の活用スキームそれぞれの特徴を、表5-9に簡単にまとめました。

表5-9　個人情報の活用スキームの簡易比較

分類	第三者提供			共同利用		
	同意取得	目的通知	注意点	同意取得	目的通知	注意点
個人情報	○	○	利用目的ごとに同意の取得が必要	×	○	共同利用者の通知・公表が必要 公表以前に取得した個人情報の利用には原則として同意が必要
匿名加工情報	×	×	加工要件が厳しい	―	―	（スキームが存在しない）
仮名加工情報	―	―	第三者提供は禁止（法令に基づく場合や、委託、事業承継、共同利用の場合を除く）	×	○	共同利用の通知や公表が必要 個人の識別行為は禁止 共通IDの取り扱いに注意が必要
個人関連情報	×	×	加工要件が不明瞭 情報価値（有用性）の検討が必要	―	―	（スキームが存在しない）

5-4 適切な活用スキームの検討

ここまで、「生の個人情報か、加工した情報か」というデータの種類と、「第三者提供か、共同利用か」という活用方法を組み合わせて、各スキームにおける法的な注意点などを述べてきました。しかし、「実際にどのスキームが最も適切なのか」を判断することは難しいのではないでしょうか。

ここでは、ビジネス部門の実務担当者の目線で、適切なデータ活用スキームの検討方法を紹介します。あくまで一例の提案ですが、本書では、図5-10のような流れで検討していきます。

5-4　適切な活用スキームの検討 ｜ 119

※1 個人を識別可能な情報（E. g. ID、氏名、アドレス、電話番号）"以外"の属性情報が対象
※2 第三者提供される匿名加工情報に含まれる個人に関する情報項目およびその提供方法に関する公表
※3 個人情報の取得時に、共同利用に関する事項が通知または公表されている場合（個人情報の共同利用）を含む

図 5-10　個人情報の活用スキーム検討の流れ

　図 5-10 では、「個人情報を外部提供する」という前提のもと、「同意取得が可能か」「生データレベルでの活用が必要か」「突合キーを用いた連携が必要か」の3点から、採用すべきスキームを検討しています。

　まずは「同意取得が可能か」を判断します。ユーザー本人の同意取得が可能な場合は、最も選択の幅が広く、「個人情報の第三者提供」スキームや「個人情報の共同利用」スキームも選択可能です。必要とされるデータの粒度に応じてスキームを選ぶとよいでしょう。一方、同意取得が困難な場合は、上に挙げた2つのスキームが利用不能になります。このとき、生データレベルの粒度を必要とする場合は、「仮名加工情報の共同利用」スキームが妥当でしょう。

　生データレベルの粒度は必要ない場合、「公表が可能かどうか」を検討します。個人情報の活用を検討している旨を公にして問題ない、また公表に関する対応（社内の承認手続き、社外のステークホルダーとの合意、文書対応など）が可能な場合は、「匿名加工情報の第三者提供」スキームで進めることも可能です。逆に公表が困難な場合は、匿名加工情報に比べて情報の価値が低下する可能性も考慮したうえで、「個人関連情報の第三者提供」スキームが妥当でしょう。

このように、実現可能な条件（同意取得や公表が現実的に可能かどうか）と必要とされる要件（どの程度の粒度のデータが必要か）によって、適切なスキームを検討できます。このように制約条件と照らし合わせたうえで、ユースケースなども加味しつつ、適切なスキームを検討してはいかがでしょうか。

5-5 個人データの越境移転

本章の最後に、「自社の保有する個人データを外国にある第三者に提供する」ケースを解説します。これは**個人データの越境移転**といい、個人情報保護法で、以下3つのいずれかの要件を充足することが求められています。

① 同意取得

あらかじめ本人から同意を取得することで、外国にある第三者への個人情報の提供が可能となります。本人から同意を取得する際には、移転先となる外国の名称のほか、当該外国における個人情報保護に関する制度、第三者（個人データを取り扱う事業者）が講ずる個人情報保護のための措置やその他参考情報について、本人に提供する必要があります[24]。

② 相当措置を講じること

外国にある第三者（個人データを取り扱う事業者）において、個人データの取り扱いについて、個人情報取扱事業者が講ずべきこととされている措置に相当する措置を継続的に講ずるために必要なものとして、個人情報保護委員会規則で定める基準に適合する体制が整備されていれば、①の同意取得の代替となります[25]。

---

24 個人情報保護法 第27条第1項、第28条第2項。
25 ただし、第27条第1項の対応は別途必要で、外国にある第三者への提供に関する本人の同意とは別に「第三者提供の制限」に該当するか否かの判断が必要です。

③ 十分性認定を取得すること

　個人データの提供先である事業者が所在する外国が、日本と同等水準の個人情報保護制度を有する（第28条1項）と認定されている場合、①の同意取得の代替となります[26]。

　2024年現在では、EUと英国に対してのみ十分性を認定しています。

（第三者提供の制限）

第二十七条

　個人情報取扱事業者は、次に掲げる場合を除くほか、あらかじめ本人の同意を得ないで、個人データを第三者に提供してはならない。

1 法令に基づく場合

2 人の生命、身体又は財産の保護のために必要がある場合であって、本人の同意を得ることが困難であるとき。

3 公衆衛生の向上又は児童の健全な育成の推進のためにとくに必要がある場合であって、本人の同意を得ることが困難であるとき。

4 国の機関若しくは地方公共団体又はその委託を受けた者が法令の定める事務を遂行することに対して協力する必要がある場合であって、本人の同意を得ることにより当該事務の遂行に支障を及ぼすおそれがあるとき。

5 当該個人情報取扱事業者が学術研究機関等である場合であって、当該個人データの提供が学術研究の成果の公表又は教授のためやむを得ないとき（個人の権利利益を不当に侵害するおそれがある場合を除く。）。

6 当該個人情報取扱事業者が学術研究機関等である場合であって、当該個人データを学術研究目的で提供する必要があるとき（当該個人データを提供する目的の一部が学術研究目的である場合を含み、個人の権利利益を不当に侵害するおそれがある場合を除く。）（当該個人情報取扱事業者と当該第三者が共同して学術研究を行う場合に限る。）。

---

26 脚注25と同様に、第27条第1項の対応は別途必要です。

7 当該第三者が学術研究機関等である場合であって、当該第三者が当該個人データを学術研究目的で取り扱う必要があるとき（当該個人データを取り扱う目的の一部が学術研究目的である場合を含み、個人の権利利益を不当に侵害するおそれがある場合を除く。）。

個人情報保護法 第 27 条 1 項

Column 05
同意取得の形骸化

　個人データの活用が進むなかで、同意取得の形骸化が問題視されています。その要因は、事業者とユーザーの双方にあると考えられています。

　同意の取得や管理プロセスを、大きく以下の 3 つに分けて事業者とユーザーの課題を考えてみましょう。

① データ収集時の同意取得
② 同意管理
③ 同意の再取得

　まず、「①データ収集時の同意取得」における事業者側の課題として、利用規約やプライバシーポリシーがユーザーフレンドリーな内容となっていない点が挙げられます。これは、利用目的を詳細に明示すると、当該データの活用用途が限定されるためです。5-3 節で述べたように活用スキームによって通知や同意取得の要否や内容が変わってくるため、なるべく幅を持たせた状態で利用目的を記載するケースが多々あります。

　一方ユーザーは、利用規約やプライバシーポリシーの内容が膨大かつ複雑で読解が困難なため、そもそも読まない、理解していない場合

5-5　個人データの越境移転　｜　123

が多い現状があります（図 C5-1）。

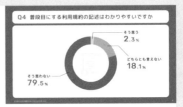

出典：株式会社Acompany「利用規約の同意に関するアンケートのまとめ」2023年2月
（回答数300）

図 C5-1　利用規約に関するアンケート結果の一部

　次に、「②同意管理」の段階を見てみましょう。これは、ユーザーが「いつ／どの手段で／どのバージョンの利用規約やプライバシーポリシーに同意したのか」を管理する取り組みです。

　同意管理を徹底すると、個人データの活用スキームに応じて多様な同意取得が必要となり、事業者にとっては管理運用コストが大きくなってしまいます。仮に運用コストを下げて適切な同意管理を実施するために**同意管理プラットフォーム**（**CMP**：Consent management Platform）を導入する場合、利用可能なデータ量が減少してしまうことが懸念されるため、同意管理が消極的になってしまいます。

　一方ユーザーは、自分で自身の個人データを管理することが難しい、という難点があります。これは、プライバシーポリシーの内容と事業者が実施しているデータ活用施策の整合確認や、実態把握などができないという意味です。そのため、「同意する」というボタンをクリックしていたとしても、実際の活用実態に同意しているとは言い難い状況です。

　さらに「③同意の再取得」においては、①に記載したとおり、事業者はプライバシーポリシーなどをユーザー目線に立ったかたちで整備することが難しく、再同意取得のハードルも高い状況にあります。一方ユーザーも、①に記載したとおり、そもそもプライバシーポリシー

を読まない、理解していない場合が多い状態です（表 C5-1）。

表 C5-1　同意取得における課題

	同意取得における課題	
	事業者目線	ユーザー目線
①データ取得時の同意取得	ユーザーフレンドリーな同意ではない 取得データ量が減少する	プライバシーポリシーを読んでいない、理解していない
②同意管理	同意管理コストが大きい	自身でデータを管理（プライバシーポリシーとの整合確認、活用実態を把握）できない
③同意の再取得	再同意取得のハードルが高い	プライバシーポリシーを読んでいない、理解していない

同意に依存した
データ活用は厳しい状況

同意の意味を
実態として成していない

　個人データ活用における同意取得が、形式的ではなく実質的な利用者保護につながる取り組みになるためには、事業者とユーザー双方のプライバシーに対する意識向上が必要です。また、事業者には、同意取得の時間やコストを削減してユーザーに理解を深めてもらう工夫や、同意を取得するだけでなくプライバシーリスクを低減するための技術活用などが求められています。

5-5　個人データの越境移転　|　125

Column 06

同意管理プラットフォーム（CMP）とは

　同意管理プラットフォーム（CMP） について簡単に説明します。CMP とは、ユーザーの同意状況を管理するためのツールのことです。ウェブサイトやアプリケーションに訪問・ログインしたユーザーに対して、個人データを収集することを利用目的と合わせて明示して、ユーザーが自らの意思で同意する／しないを選択することのできるしくみやツールを指します。

　ここでは、代表的な CMP として、Cookie[27] の利用制限対策でウェブサイト運営者がユーザー（サイト訪問者）の同意取得や情報管理を自動化・効率化するための CMP を例にあげて紹介します。

　CMP は、その提供元によってサービスや機能面に細かな差異があるものの、一般的に各ツールともに共通しているサービス・機能[28] があります（表 C6-1）。

　CMP を導入すべきかどうかについては、導入による「サービスへの影響」や「必要機能の充足性」、「法規制への対応可否」などを総合的に考慮して、導入要否を判断する必要があります。

　まず「サービスへの影響」について、実際に CMP を導入した企業によると、Cookie 利用の同意を**オプトアウト**[29] 方式から**オプトイン**[30] 方式に設定変更したところ、Cookie を有効にしたユーザーは約

---

27 3-3 節参照。

28 IT review「【2024 年】CMP ツール/同意管理プラットフォームのおすすめ 9 製品を徹底比較！　満足度や機能での絞り込みも」https://www.itreview.jp/categories/cmp#category-description

29 ユーザーが Cookie の取得を許可した状態がデフォルトで、本人の意思表示があって初めて Cookie の取得を停止するしくみのこと。

30 ユーザーが Cookie の取得を停止した状態がデフォルトで、本人の意思表示があって初めて Cookie の取得を許可するしくみのこと。

表 C6-1　CMP の主なサービス・機能

バナーデザイン	ユーザーに表示するポップアップデザインを設計する（各国法規制に応じたバナーテンプレートの選択、ボタンやバナーのデザイン設定、国ごとの出し分け、オプトイン/オプトアウトの設定など）
バナー表示	サイト訪問者に対してデータ利用の同意を求めるバナーを表示させる
バナー出し分け	アクセス元の IP により、同意取得のバナーを出し分ける
同意確認	ユーザーにて、データの利用目的別の同意・拒否を可能にする
同意取得状況の管理	企業にて、各ユーザーの同意取得状況を管理できる
リスト作成	自社サイトのタグ・Cookie をスキャンし、オプトアウトリストを自動生成する
ゼロ Cookie ロード対応	ユーザーの同意を得る前に Cookie を利用する JavaScript やタグを一時的に停止する
他システムとの連携	CMP と他システム（CDP など）の連携により、同意データを用いて販促する
他パートナーとの連携	ユーザーの同意・拒否状態を外部パートナーに接続する
実装支援・運用サポート	個人情報の取り扱いや法対応に向けたコンサルティング、導入時の実装支援から運用時のサポート

10-20% であったそう[31] です。活用可能なデータ量の減少（上述の例だと CMP 導入前と比較して 8〜9 割減少）が懸念されます。加えて KPMG の調査[32] によると、Cookie の同意確認（バナー）に毎回回答することについて 8 割のユーザーが煩わしさを感じており、CMP を導入することでユーザーのサービス利用体験価値を低下させるリスクも生じます。

　また「必要機能の充足性」について、導入予定の CMP が、同意が必要な項目の網羅性（すべて表示されているか）を持っているか、表示項目の内容を変更可能かどうか、収集した個人データを効率よくマーケティングに活用するために他社システムと連携可能かどうかな

---

31 impress business media「CMP 導入で Cookie 同意率が 10% のことも。広告効果をどう改善すべきか？」https://webtan.impress.co.jp/e/2022/05/18/42678
32 KPMG「改正個人情報保護法施行と Cookie 同意に関する意識調査」https://kpmg.com/jp/ja/home/insights/2022/08/kc-cookie-survey.html

ど、自社にとって必要な機能を具備していることを事前に調査してお
く必要があります。

　さらに「法規制への対応可否」について、海外法令を含めて参照す
べき法令やガイドラインに準拠したツールとなっていることを、事前
に調査しておく必要があります。あくまで一例ですが、CMP を導入
する目的（ユースケース）によっては、オプトアウトで取得した非個
人データがほかの方法で取得した個人情報と容易照合がある場合、オ
プトアウトで取得したデータが個人データとして扱われます。そのた
め、オプトインでの再同意取得が必要となりますが、そのような同意
管理機能があるかどうかの調査も必要になってきます。

6章

個人データを守る
プライバシーテック

6.1 プライバシーテックとは?

6.2 プライバシーテックの要素技術

6.3 プライバシーテックの活用事例

本章では、プライバシー保護のための技術である**プライバシーテック**について、種類や内容、使用例を解説します。プライバシーテックにはさまざまな種類があり、それぞれ特定の場面で効果的に機能します。どのような状況でこれらの技術が役立つか、見ていきましょう。

6-1 プライバシーテックとは？

プライバシーテックとは、プライバシー保護を強化するための技術の総称です。英語では **Privacy Enhancing Technologies（PETs）** と呼ばれます。また日本語では、「プライバシー強化技術」「プライバシー保護技術」とも呼ばれることがあります。

プライバシーテックには世界共通の定義はありませんが、さまざまな公的機関が発表している文書があります。代表的な文書を表6-1に示します。

表6-1　公的機関が発表しているプライバシーテックに関する文書

団体	文書名
OECD（経済協力開発機構）	Emerging privacy-enhancing technologies[1]
United Nations（国際連合）	THE PET GUIDE[2]
ICO（英国データ保護機関）	Privacy-enhancing technologies（PETs）[3]
CIPL（国際法・公法研究所）	Privacy-Enhancing and Privacy Preserving Technologies: Understanding the Role of PETs and PPTs in the Digital Age[4]
NSTC（米国国家科学技術会議）	NATIONAL STRATEGY TO ADVANCE PRIVACY-PRE-SERVING DATA SHARING AND ANALYTICS[5]

1 https://www.oecd.org/en/publications/emerging-privacy-enhancing-technologies_bf121be4-en.html
2 https://unstats.un.org/bigdata/task-teams/privacy/guide/2023_UN%20PET%20Guide.pdf
3 https://ico.org.uk/for-organisations/uk-gdpr-guidance-and-resources/data-sharing/privacy-enhancing-technologies/
4 https://www.informationpolicycentre.com/uploads/5/7/1/0/57104281/cipl-understanding-pets-and-ppts-dec2023.pdf
5 https://www.whitehouse.gov/wp-content/uploads/2023/03/National-Strategy-to-Advance-Privacy-Preserving-Data-Sharing-and-Analytics.pdf

これらはいずれもプライバシーテックを整理している文書ではありますが、定義が完全に一致しているわけではありません。ただし、多くは共通する技術が取り上げられています。本書では、それらを参考にしながら、以下に示す技術をプライバシーテックとして取り扱います（表6-2）。

表6-2　プライバシーテックの概要

分類	名称（日本語）		名称（英語）
データを加工する技術	k-匿名化		k-Anonymization
	差分プライバシー		Differential Privacy
	合成データ		Synthetic Data
安全なデータ処理を実現する技術	秘密計算	TEE（Trusted execution environments）	TEE（Trusted Execution Environment）
		マルチパーティ計算	Multi-Party Computation
		準同型暗号	Homomorphic Encryption
複数パーティで連携する技術	連合学習	水平連合学習	Horizontal Federated Learning
		垂直連合学習	Vertical Federated Learning

① データを加工する技術

　「データを加工する技術」とは、データそのものに何らかの加工を行うことで、プライバシーに関する情報をわかりにくくする技術です。おもに、以下の技術があります。

- ・k-匿名化（k-Anonymization）
- ・差分プライバシー（Differential Privacy）
- ・合成データ（Synthetic Data）

　これらの技術を用いて個人データを加工することで、プライバシー性が高まりますが、データの有用性が失われる可能性もあります。

6-1　プライバシーテックとは？　|　131

② 安全なデータ処理を実現する技術（秘密計算）

データを暗号化したままで計算処理を可能にし、外部からデータが見えない状態を作り出す技術です。これを総称して**秘密計算**と呼び、代表的な手法として以下の技術が存在します。

- TEE（Trusted Execution Environment）
- マルチパーティ計算（Multi-Party Computation）
- 準同型暗号（Homomorphic Encryption）

これらの技術は、「①データを加工する技術」と異なり、データそのものの特性は変えないのが特徴です。

③ 複数の事業者で連携する技術（連合学習）

複数の事業者が、それぞれ持っているデータをうまく組み合わせながら分析する際に、各自のデータを共有せずに学習するための技術です。その代表的な技術として**連合学習**（Federated Learning）がありますが、連合学習も複数の手法が存在し、以下が代表例になります。

- 水平連合学習（Horizontal Federated Learning）
- 垂直連合学習（Vertical Federated Learning）

これらの技術は、直接的にデータを集めることがないため、安全にデータ分析を行うことが可能になります。

本書では以上①〜③を総称して、プライバシーテックとして取り扱います。上記のとおり、プライバシーテックには複数の種類があり、それぞれで特性が異なります。そのため、実際に使う場合は技術の特性を理解し、適切なシーンで使う必要があります。また、複数の技術を組み合わせて利用することもあります。

6-2 プライバシーテックの要素技術

① データを加工する技術

ここでは、データを加工することでプライバシー保護を実現する技術を紹介します。匿名化、仮名化などと呼ばれるデータ加工も、これらの技術が一部用いられる場合があります。

・k-匿名化（k-Anonymization）

k-匿名化（k-Anonymization）は、プライバシー保護のためのデータ匿名化技術の1つです。k-匿名化の基本的な考えかたは、データセット内の情報を、ほかの情報と区別がつかないように加工することです。

たとえば表6-3のような、氏名・年齢・住所・来店日で構成されるデータセット[6]があったとしましょう。

表6-3 k-匿名化の加工例（加工前のデータ）

氏名	年齢	住所	来店日
岩井悠子	23歳	西区那古野	2024/10/3
日中有英	32歳	千種区花田町	2024/10/3
岡本あき	25歳	西区押切	2024/10/4
白石美夜	39歳	千種区四谷通	2024/10/5
岩間空太	34歳	千種区神田町	2024/10/5
小倉崇文	21歳	中区栄	2024/10/5
古谷浩之	28歳	西区浄心	2024/10/6
星野美保	36歳	千種区千種町	2024/10/6

データセットの各行のことを、**レコード**といいます。上のデータセットの各レコードには氏名が含まれているため、個人を明確に識別できる状態です。こういった「単独で個人を明確に識別できる情報」のことを、**識別**

---

[6] 表内の氏名や属性は、すべて架空のデータです。

子といいます。今回の例では、識別子である氏名は削除します。すると、データセットは表6-4のようになります。

表6-4　k-匿名化の加工例（識別子を削除したデータ）

年齢	住所	来店日
23歳	西区那古野	2024/10/3
32歳	千種区花田町	2024/10/3
25歳	西区押切	2024/10/4
39歳	千種区四谷通	2024/10/5
34歳	千種区神田町	2024/10/5
21歳	中区栄	2024/10/5
28歳	西区浄心	2024/10/6
36歳	千種区千種町	2024/10/6

　残ったのは年齢と住所、来店日です。氏名が記載されているときよりは個人を識別しづらくなりましたが、年齢と住所を組み合わせると、ある程度は個人を識別できそうです。こういった「組み合わせると個人を識別できる情報」のことを、**準識別子**といいます。

　この例では、年齢・住所は準識別子としてk-匿名化の対象とします。来店日については、来店日から個人特定はされづらいと考え、k-匿名化の対象から除外します。

　k-匿名化では、準識別子の粒度を変更して、ある程度幅を持たせた情報にします。この作業を、一般化といいます。たとえば「23歳」は「20歳代」にするなどして、少し曖昧な情報にします。すると、データセットは表6-5のようになります。

　こうすると、「20歳代で西区に住んでいる人」3名と「30歳代で千種区に住んでいる人」4名は、同じ属性を持つ人が複数いるため見分けがつかなくなりました。

　しかし、「20歳代の中区に住んでいる人」は1人だけなので、まだ特定の個人は識別できる状態です。このように識別できる状態、正確にはデータセット内のレコード数が定めた閾値k（ここではk＝3）未満のレコー

表 6-5　k-匿名化の加工例（準識別子（年齢・住所）を一般化したデータ）

年齢	住所	来店日
20 歳代	西区	2024/10/3
30 歳代	千種区	2024/10/3
20 歳代	西区	2024/10/4
30 歳代	千種区	2024/10/5
30 歳代	千種区	2024/10/5
20 歳代	中区	2024/10/5
20 歳代	西区	2024/10/6
30 歳代	千種区	2024/10/6

ドは、削除したり非表示にしたりします。この作業を、**抑制**といいます。
すると、データセットは表6-6のようになります。

表 6-6　k-匿名化の加工例（閾値以下のレコードを削除したデータ）

年齢	住所	来店日
20 歳代	西区	2024/10/3
30 歳代	千種区	2024/10/3
20 歳代	西区	2024/10/4
30 歳代	千種区	2024/10/5
30 歳代	千種区	2024/10/5
20 歳代	西区	2024/10/5
30 歳代	千種区	2024/10/6

　これで準識別子である年齢・住所の属性が同じレコードの数は、すべて
3以上の状態となりました。この状態を「k＝3で**k-匿名性**を満たす」と
いい、k-匿名性を満たすように加工する処理を「k-匿名化」といいます。
このようにk-匿名化は、同じ属性を持つレコードが必ず閾値k以上にな
るように加工することで、匿名化を実現する手法です。
　上記は代表的な例ですが、実際にはさまざまなk-匿名化の実現方法が
あります。たとえば、例では閾値以下のデータを削除していますが、削除
の代わりに中央値や平均値、最頻値などの特定の値に置き換える手法もあ

6-2　プライバシーテックの要素技術　｜　135

ります。また、複数のk-匿名化アルゴリズムも考案されています。これらの詳細な設定は、データ分析の目的に応じて検討し、適切に活用しましょう。

k-匿名化はプライバシー保護に有効な手段の1つですが、完璧なソリューションではありません。たとえばデータセットに関する知識を持つ人が行う背景知識攻撃など、k-匿名化されたデータセットに対する特定の攻撃手法が存在します。表6-6の例でいえば、「星野さんが10/6にお店に行ったことを知っている人がデータセットを不正に入手した」例が考えられます。この人がデータセットを見た場合、一番下のレコードが星野さんの情報だと特定できてしまい、年代と大まかな居住地が流出してしまいます。さらにデータセットによっては、既往症などの人に知られたくない情報（**センシティブ属性**）を含む場合もあるため、注意が必要です。

このようにk-匿名化は、攻撃者が追加の情報を利用すると、匿名化されたデータセットから個人を識別できるようになる場合があります。

・差分プライバシー（Differential Privacy）

差分プライバシー（Differential Privacy）は、データベース内の個々の情報を保護しながら、統計的な情報を提供する技術です。これにより、誰かのデータがデータベースに含まれているかどうかを基にした推測が非常に困難になります。

差分プライバシーを実現する一般的な方法は、集計結果を出力する命令文（差分プライバシーではこれを**クエリ**と呼びます）の処理結果に対して、一定のランダムなノイズを加えることです。これにより、個人が特定されるリスクを最小限に抑えつつ、データセット全体の有用性を保つことができます。この手法は、公共機関のデータ公開、大規模データ分析、機械学習など、プライバシーが重要なさまざまな分野で利用されています。

表6-7の例では、個人データに年齢に関する情報が含まれています。このデータを基に、年齢の平均を計算するケースを考えます。

表 6-7　差分プライバシーの加工例（加工前のデータ）

氏名	年齢
岩井悠子	23 歳
日中有英	32 歳
岡本あき	25 歳
白石美夜	39 歳
岩間空太	34 歳

　差分プライバシーを使わない場合、単純に年齢の平均を計算すると次のようになります。

平均年齢＝（23＋32＋25＋39＋34）÷5＝30.6

　次に、最初の岩井さんを取り除いた平均年齢を算出するクエリを実行します。

平均年齢＝（32＋25＋39＋34）÷5＝32.5

　この2つのクエリの結果を使って、岩井さんの年齢を推定します。具体的には、次の計算で岩井さんの年齢を求めることができます。

30.6 歳× 　5 人＝153 歳
32.5 歳× 　4 人＝130 歳
153 歳－130 歳＝ 23 歳

　このように、出力結果が統計情報だとしても、クエリを自由に操作することで、個人の情報を特定できる場合があります。このリスクを防ぐために、差分プライバシーを適用します。
　差分プライバシーでは、クエリの結果に対してノイズを加えることで、個人情報を保護します。ここでは、ラプラス分布に従うノイズを加える具

6-2　プライバシーテックの要素技術 ｜ 137

体例を紹介します。ノイズを生成する際には、以下の2つの指標が重要です。

- **プライバシー予算（ε）**
  プライバシーの保護レベルを調整するパラメータです。値が小さいほど、プライバシー保護が強化されますが、その分ノイズが大きくなり、データの精度は低下します。
- **感度**
  クエリの結果に対して、1人のデータが変更された場合に起こりうる最大の変動量を指します。つまり、感度が高いほどプライバシー保護のために加えるノイズの量も増やす必要があります。

今回は、プライバシー予算（ε）は2.0とします。感度はクエリ内容によって異なりますが、平均を計算する処理では「データの範囲÷データの数」となります。今回の例では、想定される年齢は20〜100歳で、データの数は少なくとも5個としている場合は、データの範囲は100−20＝80で、データの数は5人なので、感度は80÷5＝16となります。

上記に基づき、ラプラス分布という分布を使ってでノイズを加えるとします。今回は、−2.5というノイズがランダムに得られたと仮定します。ノイズを加えた結果、次のような結果が得られます。

ノイズを加えた平均年齢＝（23＋32＋25＋39＋34）÷5＋（−2.5）＝28.1

ノイズを加えたことで、実際の平均年齢からは少しずれてしまいますが、個人の年齢が特定されるリスクは低くなります。

差分プライバシーのメリットは、個人の識別リスクを攻撃者の背景知識に関係なく統計的に評価できる点にあります。k−匿名化の項で示したとおり、データを加工しても、攻撃者の背景知識によってプライバシーを保護できないリスクがあります。差分プライバシーは、任意のレコードに対

してランダムなノイズを付与するため、そのデータセットを用いて得られる出力結果をみても、元のデータを区別することができなくなります。そのため、攻撃者の背景知識に依存せずにプライバシーを保護することが可能です。

一方で、プライバシー予算（ε）の設定や感度の計算が難しいという課題も存在しています。その理由として、プライバシー保護とデータの有用性のトレードオフがあります。たとえば、プライバシー予算を低く設定すると、データのノイズが増え、分析結果の精度が低下します。一方で、プライバシー予算を高く設定することで分析結果の精度は向上しますが、プライバシー保護の観点では安全性が低下します。このトレードオフを調整するためには、個々のユースケースごとにデータの特性や利用者の使いかたを踏まえて設定・検証することが求められます。

以上で見た差分プライバシーのアプローチでは、データ収集者がすべてデータを集めた後にノイズを付与するため、データ収集者はすべてのデータを管理する立場となります。そのため、データ提供者はデータ収集者を信用する必要がありますが、データ収集者を信用しない（データ収集者に対してもプライバシーの安全性を確保する）**ローカル差分プライバシー**という手法もあります。なお、一般的な差分プライバシーは、ローカル差分プライバシーとの対比で、**セントラル差分プライバシー**あるいは**グローバル差分プライバシー**とも呼ばれます。本書では、以下、セントラル差分プライバシーとします。

複数からデータを集める場合、データ提供者（ローカル）の時点でノイズを付与します。これによって、データ収集者側で元データの個人レベルでの特定を困難にする手法です（図6-1）。

表6-8に、セントラル差分プライバシーとローカル差分プライバシーの比較をまとめました。

上記の特性を考慮すると、それぞれは以下の用途が適していると考えます。

6-2　プライバシーテックの要素技術　│　139

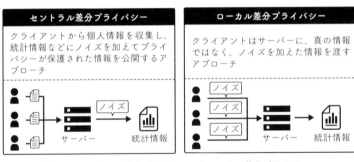

図 6-1　セントラル差分プライバシーとローカル差分プライバシー

表 6-8　セントラル差分プライバシーとローカル差分プライバシーの比較

	セントラル差分プライバシー	ローカル差分プライバシー
データの精度	生データで収集可能なため、高い	各ローカルでノイズが付与され全体でノイズの量が大きくなるため、低い
プライバシー保護の強度	中央サーバーへ生データが送信されるため、中央サーバーへの信頼が必要	中央サーバーへ生データは送信されないため、個人レベルでプライバシー保護が可能
データ分析の複雑さ	生データを集積することが可能であるため、複雑なクエリや高度な分析が可能	各ローカルでノイズが付与されるため、データの複雑な相関関係などを解析することが難しい
データ収集のハードル	個人の生データの集約が必要となるため、ハードルは高い	個人の生データは収集する必要がないため、比較的同意を得やすい

- **セントラル差分プライバシー**

  個人からの生データの収集が実現可能であり、その集計結果などを幅広いユーザーに公開する場合。行政機関の公的統計など

- **ローカル差分プライバシー**

  個人からの生データの収集自体にプライバシーに関する配慮が必要であり、集計結果を何らかに利用したい場合。モバイルアプリの利用履歴など

- **合成データ（Synthetic Data）**

  合成データとは、実際のデータを模倣して人工的に生成された擬似デー

タのことです。このデータは元の個人データとは異なるため、プライバシー保護の観点から有用とされています。

合成データの特徴は、本物のデータと統計的特性が似ていることです。そのため、機械学習モデルのトレーニングやデータ分析、ソフトウェアテストなどに利用できます（図6-2）。

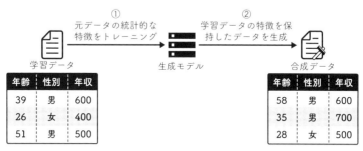

図6-2　合成データのイメージ

合成データは元データとは異なる擬似データなのですが、なぜこれが機械学習モデルのトレーニングに使えるのでしょうか。

機械学習モデルは、元データの傾向や統計的特性をアルゴリズムでトレーニングし、「○○○の情報を持つ人は、×××の可能性が高い」といった推測によく使われます。トレーニングの際、アルゴリズムがデータの持つ「統計的特性」を学習することで、高度な推測を可能にします。そのため、機械学習モデルのトレーニングに重要なのは、個人データそのものではなく、元データの「統計的特性」になります。よって、合成データは機械学習モデルのトレーニングに有用なのです。

さらに最近では、機械学習モデルに攻撃を仕掛けると、トレーニングに使用された個人データを推定できるケースも研究されています。機械学習モデルにさまざまな命令を与えると、個人データやそのヒントになる情報が出力されてしまう、などのリスクがあるのです。そのため、機械学習モデルのトレーニング時に個人に関する情報を取り除くことが、近年注目を集めています。

合成データは、元の個人データと直接的な関連を排除する一方で、統計

的特性を再現しているため、プライバシーを保護しながら機械学習モデル
のトレーニングに利用できるのです。

合成データは、以下のような手法で生成されます（表6-9）。

表6-9　合成データの生成アプローチ

ダミーデータ／モックデータ	・ランダムに作られるデータ ・本物のデータにフェイクを入れる目的で作られている場合が多く、元データとの相関性が見られないことが多い
ルールベース	・事前定義された一連のルールによって生成されたデータ ・統計値が一致するようにデータを作れば、データの統計や形式や構造を一致させることができる
機械学習モデル	・機械学習モデルによって生成されたデータ ・元のデータセットから特性、関係、統計パターンを再現するように合成データを作成できる
シミュレーション	・物理シミュレーションなどを使い、シミュレーションのデータを収集したもの（広義の合成データ） ・データがまったくない場合でも任意の状況のデータを作成できる

近年は機械学習技術の発展が著しく、とくに機械学習モデルの手法が注
目され、さまざまな研究開発が行われています。

また、合成データの場合、生成されたデータに対してどのように評価を
行うのかも重要になります。合成データは、元データから擬似データに置
き換えることになるため、以下の点で評価することが必要です。

・**有用性**：元データと同じように分析に使えるか
・**安全性**：元データを推定されるリスクがないか

有用性を高めようとすると元データに限りなく類似し、安全性を高めよ
うとすると元データと類似しなくなるため、有用性と安全性は矛盾する関
係にあります。これを踏まえ、現実的な合成データの作成方法を検討する
必要があります。具体的には、元データのプライバシーリスク（何をプラ
イバシーリスクとして捉えるか）、合成データの用途（どのような分析な
どに用いるのか）を検討します。

たとえば、以下のような点を整理します（表6-10）。

表6-10　合成データの生成アプローチ

整理する項目	例
使用するデータ	会員データ （構造化された個人データ）
プライバシーリスク	合成データから個人を特定できないようにする
合成データの用途	機械学習モデルのトレーニングデータに用いる

これらの内容を踏まえて、合成データのアルゴリズムや評価指標を選定します。

② 安全なデータ処理を実現する技術（秘密計算）

安全なデータ処理を実現する技術として、秘密計算について説明します。まず、**秘密計算**（Secure Computation）とは、計算過程を秘匿化したまま処理する技術の総称です（図6-3）。なお、日本では**秘匿計算**とも呼ばれます。

図6-3　秘密計算のイメージ

ここで、秘匿化と暗号化の違いについて述べます。**秘匿化**とは、データそのものを隠す処理を指します。具体的には、データを第三者に知られないようにするために、データを暗号化したまま計算を行う技術や、データを非公開の状態に保つための手法を指します。後述しますが、秘密計算は暗号化する手法もありますが、暗号化せずに非公開の状態を実現する手法もあります。

暗号化とは、データを特定のアルゴリズムを使用して変換し、第三者がデータを読むことができないようにする技術です。暗号化の目的は、デー

タの機密性を保護し、データが第三者に漏洩した場合でも、データの内容が読まれないようにすることです。また、これらの変換された情報を元に戻す行為を**復号**と呼びます。

　秘密計算は、個人データや機密性が高いデータを保有している事業者間でデータを共有することなく、データの統計や分析、比較などを安全に実行できるため、プライバシー保護に高い効果があります。秘密計算には複数の手法があり、それぞれで秘匿性の実現方法が異なります。以下は、秘密計算を実現する代表的な3つの手法になります。

・TEE（Trusted Execution Environment）

　TEE（Trusted Execution Environment）は、ハードウェアで秘密計算を実現する手法です。前述のマルチパーティ計算や準同型暗号は、データの暗号化などソフトウェア技術を用いて秘密計算の処理を行いましたが、TEEはハードウェア技術を用います。

　TEEでは、コンピューターのCPU内に**安全な領域（信頼可能領域、エンクレーブ（Enclave））** を作り、この領域内でコードの実行とデータ処理を行います。この安全な領域は、OSやほかのアプリケーションなどのシステムのほかの部分から分離されており、外部からの攻撃や不正アクセスなどから保護されています。

　データ処理としては、復号キーがTEEの内部にしか存在せず、かつその復号キーは当事者含め誰も人為的に操作できないため、データを安全に生データで処理できます（図6-4）。

　TEEでは、以下のStepで処理を行います。

【Step 1】TEEの起動とエンクレーブの作成
【Step 2】安全なデータの転送
【Step 3】安全な計算の実行
【Step 4】計算結果の返却

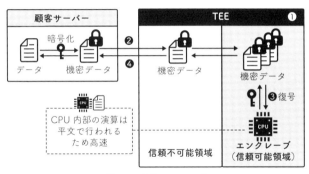

図 6-4　TEE のイメージ

Step 1　TEE の起動と Enclave の作成

最初に、TEE が初期化されます。この段階では TEE を起動し、安全な領域（Enclave）を作成します。Enclave は、外部からアクセスができない、TEE 内の隔離された領域です。

そして、信頼できるアプリケーションまたはコードを Enclave に配置します。これにより、データや計算が安全な環境で実行できる状態になります。

Step 2　安全なデータの転送

信頼できるアプリケーションが TEE 内で実行される準備が整ったら、必要な機密データを暗号化して TEE に送信します。通常のアプリケーションはこのデータに直接アクセスすることはできず、データの取り扱いは TEE のなかで行われます。

Step 3　安全な計算の実行

TEE では、機密データを使った計算や処理が行われます。この処理プロセスは Enclave 内で行われるため、外部の OS やハードウェア、管理者がアクセスできない状態になります。そして、この外部から隔離された Enclave 内でデータの復号が行われ、計算処理が行われます。

Step 4 計算結果の返却

計算が完了すると、結果が暗号化された状態で TEE 外に返されます。このデータは、クライアント側で復号されます。

TEE のメリットの1つは、計算速度の速さです。Step 3 で示したとおり、安全な環境内でデータを復号して処理するため、生データの使用が可能になり、ソフトウェア型の秘密計算（マルチパーティ計算、準同型暗号）に比べて高速にデータ処理することが可能です。

また TEE の特徴の1つに、**Remote Attestation** という技術があります。これは、遠隔にある TEE の環境が、想定どおりに実行されているかを、電子署名や暗号通信を用いて確認するしくみです。この技術により、TEE で不正な処理が行われていないことを外部から検証できます。

TEE は、クラウドコンピューティング・モバイルデバイス・IoT デバイスなど、データの安全性とプライバシーが重要なアプリケーションで利用されています。CPU で利用可能な製品として、Intel SGX（Software Guard Extensions）や ARM TrustZone などがあり、最近では GPU で利用可能な製品が NVIDIA から登場しています。

・マルチパーティ計算（Multi-Party Computation）

マルチパーティ計算（**MPC**：Multi-Party Computation）は、複数の参加者が各自の秘密データを明かすことなく、共同で計算を実行する手法です（図 6-5）。たとえば、事業者 A と事業者 B がそれぞれ自社保有の個人データを持っているとき、お互いの個人データを秘匿化したまま分析ができる（相手や第三者にデータを開示せずに分析できる）、ということです。

マルチパーティ計算では、以下の Step で計算を行います。

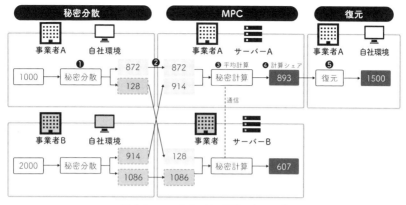

図6-5　マルチパーティ計算のイメージ

【Step 1】各事業者が自社環境でデータを秘密分散する
【Step 2】秘密分散したデータを独立したサーバーへ送信する
【Step 3】送信されたサーバー間で通信して計算する
【Step 4】各サーバーで計算結果の一部を出力する
【Step 5】計算結果の一部を各サーバーから集め最終的な計算結果を作成する

以下、図6-5の事業者Aと事業者Bが、保有する値から秘密計算で平均値を算出する例を示しながら、各Stepを解説します。

Step 1　各事業者が自社環境でデータを秘密分散する

まず、各事業者がクライアント（自社環境）においてデータを秘密分散します。**秘密分散**とは、データを分割する手法です。特徴は「分割されたデータの一部だけでは元データを復元できない」「すべてのデータを集めると元データが復元できる[7]」という2点にあります。秘密分散で生成した値は、この2点の条件を満たすランダムな数値になります。

図6-5の例では、以下の計算になります。

---

[7] 分割されたすべてのデータではなく、そのうち一定の個数の分割されたデータを集めることで、元データが復元される方式も存在します。

- **事業者 A**：1000 の数値を秘密分散し、872 と 128 に分ける
- **事業者 B**：2000 の数値を秘密分散し、914 と 1086 に分ける

これによって、ランダムな数値が 2 つずつ作成されました。

Step2 秘密分散したデータを独立したサーバーへ送信する

秘密分散で分割されたデータを**シェア**といいますが、このシェアを、別々のサーバーへそれぞれ送信します。たとえば、サーバー X にはデータ A1、データ B1 を送り、サーバー Y にはデータ A2、データ B2 を送る、といった具合です。それぞれのサーバーには部分的なデータしか存在しないため、元のデータを特定することができません。

図 6-5 の例では、それぞれのサーバーに以下のように送信されます。

- **サーバー A**：872（事業者 A のシェア 1）、914（事業者 B のシェア 1）
- **サーバー B**：128（事業者 A のシェア 2）、1086（事業者 B のシェア 2）

この処理によって、事業者 A のサーバーあるいは事業者 B のサーバーだけを見ても、元のデータ（事業者 A の 1000、事業者 B の 2000）を特定することはできません。

Step3 送信されたサーバー間で通信して計算する

各サーバーにはバラバラなデータしかないので、このままでは計算できません。しかし、異なるシェアを持つサーバー同士が通信することで、お互いに計算が実施できます。

このときも、それぞれのサーバーが持っているシェアを直接交換しているわけではありません。それぞれのサーバーでシェアから特定の計算を行い、その計算結果を交換しています。これによって、仮にサーバー間で通信された情報が漏れても、元データの特定に至らないよう考慮されています。

図 6-5 の例では、平均値を求めます。平均値の場合は、サーバー間の通

信が必要ありません（次のステップで説明します）。しかし、乗算などの複雑なアルゴリズムを計算する場合は、サーバー間で何度も通信を行い、計算を進めていきます。

Step 4 各サーバーで計算結果の一部を出力する

前ステップで計算を進めた結果、各サーバーで計算結果の一部が出力されます。この段階では最終的な計算結果ではなく、あくまで計算結果の一部です。

図6-5の例における平均値計算の場合は、各サーバーのシェアの平均値を求めます。

・**サーバー A**：$(872 + 914) \div 2 = 893$
・**サーバー B**：$(128 + 1086) \div 2 = 607$

これによって、事業者A・Bそれぞれのサーバーで、計算結果の一部が出力されました。

Step 5 計算結果の一部を各サーバーから集め最終的な計算結果を作成する

各サーバーから計算結果の一部を集めて、計算結果を作成します。これは、いわば秘密分散の逆の処理を行っています。

図6-5の例では、各サーバーにある計算結果のシェアを足し合わせます。

$$893 + 607 = 1500$$

以上の計算によって、事業者A・Bともに、自分の値を相手に直接知らせることなく、平均値だけを計算することができました。

このようにマルチパーティ計算は、データを分割し元データがわからな

6-2 プライバシーテックの要素技術 | 149

いようにして計算を行うため、秘密計算として成立します。ただし、複数のサーバーが必要なうえに、互いに連携しながら計算する必要があるため、システム構成が複雑になったり、通信によって計算速度が低下したりする点がデメリットと言われています。

・準同型暗号（Homomorphic Encryption）
　準同型暗号（Homomorphic Encryption）は、データを暗号化し、暗号化したデータのまま直接演算を行う手法です（図6-6）。

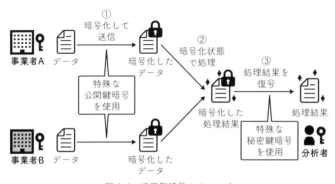

図6-6　準同型暗号のイメージ

準同型暗号では、以下のStepで計算を行います。

【Step 1】データの暗号化
【Step 2】暗号文の処理
【Step 3】結果の返送
【Step 4】データの復号

Step 1　データの暗号化
　最初に、準同型暗号を使用してクライアント（自社環境）側でデータを暗号化します。このプロセスは、分析者が発行した**公開鍵**（暗号化キー）を使って平文データを暗号化します。例：数値5を暗号化すると、暗号文

C1 が生成される。

Step 2 暗号文の処理

サーバー（または第三者の計算サービス）は、暗号化されたデータに対して指定された計算処理を実行します。この段階で、暗号化されたデータは暗号文のまま保持され、元のデータを知らずに計算できます。準同型暗号では、加法や乗法といった演算をサポートします。これにより、以下のような操作が可能です（「Enc」は暗号化されていることを示す表記です）。

- **加法演算**：$Enc(5) + Enc(3) = Enc(8)$
- **乗法演算**：$Enc(5)^* Enc(3) = Enc(15)$

　例：暗号化された C1 と C2 に対して、サーバーが加法演算を行う場合、C1 + C2 のようにして処理され、暗号化された結果 C3 が生成される。

Step 3 結果の返送

サーバー（または第三者の計算サービス）は、暗号化されたままクライアントに返送します。この段階では、サーバーは結果の中身を認識することができません。

　例：計算された暗号文 C3 がクライアントに送られる。

Step 4 データの復号

クライアントは秘密鍵を使用して暗号化された計算結果を復号します。

　例：クライアントが受領した暗号文 C3 を復号すると、計算された結果 8 が得られる。

このように準同型暗号では、データのセキュリティを保ちながら、第三者に対して計算処理を依頼することが可能になります。ただし現状では、計算に時間がかかる、実装が複雑であるなどの課題もあります。研究が進められており、効率と実用性の向上が期待されています。

③ 複数の事業者で連携する技術（連合学習）

最後に、複数の事業者がそれぞれ持っているデータを、直接共有することなく連携・分析する技術を紹介します。ここでは、代表的な手法である**連合学習**を取り上げます。

連合学習（Federated Learning）とは、機械学習モデルのトレーニングにおいて、データを特定の場所に集中させずに、複数のデバイスやサーバーで協力して行う手法です。まず、各事業者は、ローカル環境（データ保有者自らが管理する環境）で自社保有するデータのみを用いて機械学習モデルをトレーニングします（ここで作成された機械学習モデルを**ローカルモデル**と呼びます）。そして、そのトレーニングの結果のみを中央サーバーに送信します。

中央サーバーはこれらの結果を集約してモデルを更新し（ここで作成された機械学習モデルを**グローバルモデル**と呼びます）、その更新されたモデルを各事業者に配布します。このプロセスを繰り返すことで、プライバシーを保護しつつ、全体のモデルの精度を向上させることができます（図6-7）。

連合学習の利点は、従来の機械学習と異なり、元データを直接関係者間で共有することなく、機械学習モデルが構築できる点にあります（図6-8）。

通常の機械学習では、各事業者が保有するデータを1箇所に集めて統合し、統合したデータに対して機械学習を行って機械学習モデルを構築します。一方、連合学習は、各事業者の環境で機械学習を行い、**パラメータ**[8]だけを通信します。こうして得たパラメータを最適化することで機械学習

---

8 機械学習モデルの制御や調整を行うための値のこと。

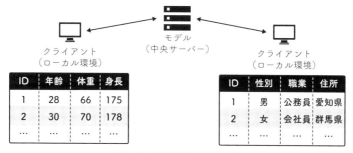

図 6-7　連合学習のイメージ

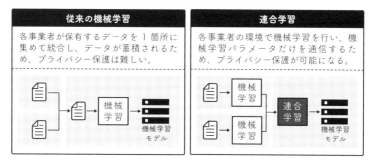

図 6-8　従来の機械学習と連合学習の違い

モデルと同様の結果を得るため、各事業者が保有するデータ自体は外部に出す必要がありません。そのため、プライバシー保護が可能となります。

連合学習にも複数の種類があります。本項では代表的なものとして、同じカラム構成のデータを扱う**水平連合学習**と、同じユーザーID構成のデータを扱う**垂直連合学習**について解説します（図6-9）。

・水平連合学習（Horizontal Federated Learning）

　水平連合学習（HFL：Horizontal Federated Learning）は、複数の機関やデバイスが同じデータ項目を持っており、そこに含まれるデータが異なる場合に有効な機械学習手法です。たとえば、異なる病院が同じ種類の患者データ（年齢、体重、症状など）を持っているが、個々の患者データは異なるという状況がこれに該当します。

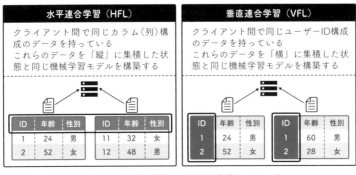

図6-9　水平連合学習と垂直連合学習のイメージ

　水平連合学習の主な目的は、データのプライバシーを守りつつ、異なるソースからのデータを利用してモデルを学習させることです。これにより、データを直接共有することなく、複数の参加者が共同でモデルを構築できます。以下のようにデータが処理されます（図6-10）。

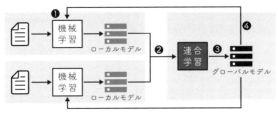

図6-10　水平連合学習のイメージ

Step 1 ローカルモデルのトレーニング

　データを保有する各参加者は、自分のデータで機械学習モデルを個別にトレーニングします。これによって、参加者ごとにローカルモデルが作成されます。

Step 2 モデルの更新を共有

　各参加者は、ローカルモデルのパラメータだけを中央サーバーに送信します。このとき、各参加者が保有するデータ自体は送信しません。

Step 3 グローバルモデルの作成

中央サーバーは、すべての参加者から受け取った更新情報を集約して、新しい機械学習モデル（グローバルモデル）を作成します。

Step 4 グローバルモデルの配布と反復

更新されたグローバルモデルが各参加者に配布され、このプロセスが繰り返されます。繰り返すことでモデルの精度が向上し、最終的には優れたモデルが構築されます。

水平連合学習は、スマートフォンのキーボード入力の予測変換などに実応用されています。スマートフォンで文字を入力すると、続く文字列や変換候補が高精度で予測されますが、その予測精度を高めるしくみとして水平連合学習が使われています。

たくさんの人の文字入力の傾向をトレーニングデータとして利用できると、高精度な予測モデルを構築できそうです。しかし、各個人の文字入力内容には、プライバシー性が含まれています。そのため、水平連合学習を用いて、各端末で機械学習させた結果だけを中央サーバーに送っているのです。これによって、文字入力というプライバシー性が高い情報を直接共有することなく、高精度な機械学習モデルを全員が使えるしくみになっています。

・垂直連合学習（Vertical Federated Learning）

垂直連合学習（VFL：Vertical Federated Learning）は、異なる機関やデバイスが同じユーザーなど共通データを持っているが、データ項目が異なる場合に適用される機械学習手法です。たとえば、異なる企業が同じユーザー群に対して異なる情報を持っている場合に該当します。

垂直連合学習の主な目的は、異なるデータソースの情報を統合して、より包括的なデータセットでモデルをトレーニングすることですが、この過程で各参加者のデータのプライバシーを保護します。

垂直連合学習は以下のようにデータが処理されます。大部分は水平連合学習と同じですが、最初に共通ユーザーを特定する処理が追加される点に、注意が必要です（図6-11）。

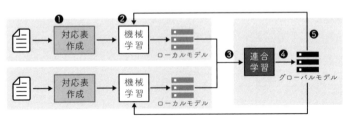

図6-11　垂直連合学習のイメージ

Step 1　データの準備

データを保有する各参加者は、それぞれが保有するデータに対して共通のIDなどを付与し、共通のユーザーであることを判別できるようにします（事業者Aの〇〇と事業者Bの××は同一人物であるため共通ID△△を付与する、など）。

Step 2以降は、水平連合学習のStep 1～Step 4と同様です。

なお、Step 1にあるとおり、垂直連合学習は参加者間で共通のユーザー群が存在していることを前提としているため、参加者間の共通ユーザー群をどのように特定・推定するかに注意が必要です。共通ユーザー群の対応関係を構築するプロセスは、関係者間のデータを直接共有することが難しいケースが想定される（直接共有可能であれば、連合学習が必要とされないと思われる）からです。

実現する方法としては、たとえば以下が考えられます。

- 特定の加工方法を共有し、共通のIDを生成する
  （例：氏名などを特定の方法で変換する）
- 秘密計算を用いて、ID突合する
  （例：メールアドレスを秘密計算で突合し重複を確認する）

以上、さまざまなプライバシーテックを見てきましたが、これらは基本的な説明になります。実際は複数のプライバシーテックを組み合わせて使うこともありますし、いまも新たなアルゴリズムが開発されています。今後も技術的な進展が期待されます。

6-3 プライバシーテックの活用事例

　本節では、プライバシーテックの用途や効果を理解いただくため、プライバシーテックを用いた実際の事例を説明します。

① JAL×docomo：秘密計算を用いた安全なデータ連携による、地方創生に向けたデータ分析の実施

　まずは、JAL（日本航空）とNTTドコモが、空港を移動する個人の移動状況を共同で分析した事例を紹介します。本ケースでは、プライバシーテックを用いることで、直接生データを共有せずに分析が行われました。

　・**事業者**：JAL（日本航空）、NTTドコモ
　・**利用技術**：秘密計算（準同型暗号、TEE）、差分プライバシー

・**背景**
　地域にとって、空港は人の移動手段として重要になっています。地域における都市部や観光地と空港の移動を快適・効率にすることで、より多くの人の往来が増え、地域活性化につながると考えられます。

・課題

　空港へ向かう個人の移動状況や、空港に到着してから目的地へ向かう個人の移動状況は、JAL などの航空会社単体で把握するのが困難になります。そのため、JAL が保有する「JAL 便を利用する顧客データ」と、NTT ドコモが保有する「携帯電話契約者の位置情報や属性情報」を組み合わせることで、空港において JAL 便を利用する個人の、搭乗前後の移動状況を統計的に把握することになりました[9]。

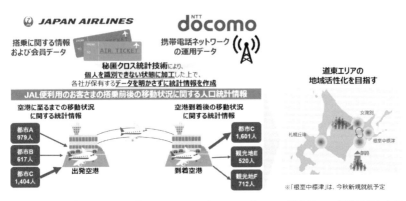

※NTT ドコモプレスリリース「JAL、JAL カード、HAC、ドコモ、「秘匿クロス統計技術」を用いて北海道内の移動ニーズを把握する実証実験を開始」[10] より引用

図 6-12　JAL と NTT ドコモの取り組みの概要

　この際に、複数事業者が保有する個人データ同士の突合・分析を行う場合は、個人データをいずれかの事業者へ提供・移転しデータ分析することが想定されます。しかし、本ケースではプライバシーテックを用いることで、直接生データを共有することなく、個人データの個人識別リスクを排除しながら、データの突合・分析を実現しました。

9　JAL プレスリリース「JAL、JAL カード、ドコモが、顧客体験価値向上と社会課題の解決に向けて、「秘匿クロス統計技術」を用いた企業横断でのデータ活用の実証実験を開始」https://press.jal.co.jp/ja/release/202210/006981.html
10　https://www.docomo.ne.jp/binary/pdf/info/news_release/topics_230822_00.pdf

・プライバシーテックの利用

　分析に用いる統計情報を作成するため、NTTドコモが日本電信電話株式会社の協力を得て開発した「秘匿クロス統計技術」が用いられています。この秘匿クロス統計技術は、非識別処理、集計処理、秘匿処理の3つで構成されています。

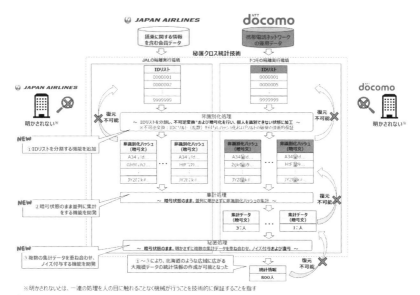

※JALプレスリリース別添資料1「「秘匿クロス統計技術」の概要」より引用[11]

図6-13　秘匿クロス統計技術のデータ処理フロー

　このうち、「集計処理」に秘密計算が、「秘匿処理」に差分プライバシーが用いられています。この一連の処理を行うことで、JALの個人データとNTTドコモの個人データを突合しながらも、全体を通じて個人を特定することなく、統計情報を作成することが可能になっています。

---

11 https://press.jal.co.jp/ja/items/uploads/%28共同リリース%20別添資料%29_JAL・JALカード・ドコモの実証実験開始_1430.pdf

・**期待される効果および今後の展望**

　最初の実証として、国内 3 空港（東京（羽田）・福岡・長崎）を対象とし、航空機に搭乗するまでの 4 つの時点（搭乗日前日、搭乗日当日の便出発の 60 分前・40 分前・20 分前）での顧客の移動状況（居住地域周辺、空港周辺、その他のいずれか）に関する統計情報を作成して分析を実施しました。

　この分析結果から、顧客が登場に至るまでのどこに時間を要しているかが明らかになり、空港内の案内などを見直しました。続いて、北海道でも同様の実証を行っています。

② 名古屋大学病院・東北大学病院×Acompany：複数の病院の間で患者データを安全に共有・解析

　次に、名古屋大学病院と東北大学病院と Acompany が、各病院が保有する患者データを用いて機械学習モデルを共同で構築した事例を紹介します。本ケースでは、プライバシーテックを用いることで、各病院の患者データ（生データ）を直接共有せずに機械学習モデルを構築しました。

　　・**事業者**：名古屋大学病院、東北大学病院、Acompany
　　・**利用技術**：連合学習

・**背景**

　医療領域では、AI・IoT などの最新技術を用いた、診療を支援するシステムの開発が注目されています。たとえば、それぞれの医療機関が保有している患者のデータを用いて、治療行為を高度化したり、効率的な治療活動を行うための機械学習モデルの活用に関する取り組みが活発に行われています。

・**課題**

　医療機関が保有されている患者データを結合・集積して利用する場合、

個人情報保護の観点から、患者への説明や同意などの対応が必要となります。これらは必要な措置ではあるものの、手続きが多くなり、医療研究や現場での機械学習モデルの利用に対しては検討事項ともなっています。

また、匿名化して患者データを共有する場合は、希少疾患などサンプル数が少ない情報を排除する必要が生じます。そのため、単独の医療機関ごとでサンプル数が少ないデータを排除してしまうと、全体で匿名化された患者データを集積したとしても、十分な母数を確保できないデメリットがあります。

・プライバシーテックの利用

複数の医療機関が保有する患者データを安全に利用するため、連合学習技術を用いています。連合学習を用いることで、患者データはどこか一箇所に集積することなく、安全に高度な機械学習モデルを構築することが可能になります。

名古屋大学病院と東北大学病院が保有する、消化管出血の患者データを連合学習でトレーニングし、追加の医療行為が必要かどうかを推定する機械学習モデルを構築・評価しました。

・期待される効果および今後の展望

複数の医療機関の患者データを用いて連合学習で構築した、消化管出血の追加医療行為の要否を推定する機械学習モデルは、単独の医療機関が保有する患者データを用いた場合と比べて、精度が向上することを確認しました。

今後は、以下の観点で技術開発を行い、実用化を進めます。

・さまざまなデータ種別や分析アプローチに対応した、連合学習アルゴリズムの開発
・さまざまな医療機関が簡単に利用可能な連合学習プラットフォームの構築

③ LINE ヤフー：プライバシーテックを用いたスタンプサジェスト機能の改善

最後に、LINE ヤフーが、LINE アプリでユーザーが使用するスタンプのサジェスト機能の改善を行った事例を紹介します。本ケースでは、プライバシーテックを用いることで、ユーザーのアプリ使用データ（生データ）を直接共有せずに機械学習モデルを構築し、さらに当該モデルの処理結果から生データが推定されるリスクを低減しています。

　・事業者：LINE ヤフー
　・利用技術：連合学習、差分プライバシー

・背景

チャットアプリの LINE には、ユーザーの入力された文字に合わせて、意味の近いスタンプを推薦表示する「スタンプサジェスト」機能があります[12]。

このスタンプサジェスト機能において、ユーザーの好みにあった提案を行うことで、ユーザーのスタンプ利用における利便性を向上させる狙いがあります。

・課題

ユーザーの好みを踏まえてスタンプを提案するための機械学習モデルを構築します。その際に、トレーニングデータとして用いるのは、ユーザーのスタンプに関する以下の情報になります。

---

12 LINE ヤフー「プライバシー保護技術」https://privacy.lycorp.co.jp/ja/acquisition/privacy_techs.html

・スタンプの入手履歴データ（購入や無料ダウンロードなど）
・トークルームなどでのスタンプ閲覧・送信履歴のデータ

これらのデータはプライバシー性を伴うため、さまざまなユーザーのデータを集積し分析するのはプライバシー保護の観点から望ましくありません。

・プライバシーテックの利用

ユーザーのトークルームなどでのスタンプ閲覧・送信履歴のデータを安全に処理するため、連合学習と差分プライバシーを用いています[13]。

ユーザーのアプリ上で、ユーザーのデータを用いてトレーニングを行い、機械学習モデルを生成します。その後アプリにおいて、差分プライバシーを用いて、処理結果（機械学習モデルの更新情報）に対してノイズを加えます。この理由は、処理結果から実際に入力したスタンプをLINEヤフーのサーバーを含む他者から推定されることを困難にするためです。

中央サーバーでは、複数のユーザーから得た処理結果（ノイズ付加された機械学習モデルの更新情報）を統合し、機械学習モデル（グローバルモデル）を更新します。

・期待される効果および今後の展望

LINEアプリでは、LINEスタンププレミアムのユーザーに本機能が適用されており、ユーザーの好みに応じてスタンプが提案されるようになっています。今後は、幅広いサービスへの導入も検討していく、としています。

---

13 Speaker Deck「LINEヤフー｜差分プライバシーによる安全な連合学習の実現」https://speakerdeck.com/lycorptech_jp/differential-privacy-for-secure-federated-learning

7章

プライバシーテックを活かした
個人データ活用のフレームワーク

7.1　Step 1　計画

7.2　Step 2　検証

7.3　Step 3　設計

7.4　Step 4　データ準備

7.5　Step 5　システム構築・運用

本章では、プライバシー規制の動向やプライバシーテックの技術特性を踏まえ、どのようにプライバシー保護とデータ活用を両立したプロジェクトを進めればよいか、その具体的なアプローチを説明します。

個人データ活用に必要な工程は事案によってそれぞれ異なりますが、基本的には図 7-1 に示す 5 ステップで進めます。

図 7-1　個人データ活用の検討ステップ

ポイントは、「計画」のあとに「検証」がある点です。これは、新しい手法を導入する際に行う検証プロセスである、**概念実証**（**PoC**：Proof of Concept）に近い取り組みです。本章で紹介する「検証」のステップには、一般的な PoC とは異なる、個人データ特有の内容が多く存在します。ここで適切に検証を行えるかどうかによって、プロジェクトがスムーズに進むか否かが変わってきます。

表 7-1 は、各ステップで行う主な作業内容をまとめたものです。「プライバシーテックを用いたシステムの設計」では、作業項目として、ビジネス・法律・システムそれぞれにおける検討事項が挙げられています。これは、個人データを安全に活用するシステムを設計するためには、複数の分野にまたがってリスクや対応を検討しなければならないためです。本書では以下のように、ビジネス・法律・システムの 3 つの領域に分割して設計を行っていきます（図 7-2）。

表 7-1　個人データ活用のためのフレームワーク

ステップ	説明	作業項目	作業概要
計画	ビジネス目的を踏まえたデータ活用計画の作成	目的の明確化	事業の目的を踏まえた場合の、データ分析の目的を明確にする
		データ処理全体像の作成	利用するデータや期待するデータ分析結果など、データ処理の全体像を整理する
検証	実現性の検証	ユースケースの詳細な整理	利用するデータの項目や加工方法、分析手法など、基本的なデータ処理内容を作成する
		ノックアウトファクターの抽出	法規制やプライバシーテックの技術的制約などから、致命的な事項はないかを検討する
設計	プライバシーテックを用いたシステムの設計	ビジネス面の検討（ステークホルダー調整）	ビジネスパートナーの獲得、ステークホルダー間の商流や役割分担などを調整する
		法律面の検討（プライバシーリスク分析、各種ドキュメント作成）	プライバシーリスクの分析や、社内規定などの影響する箇所を修正する
		システム面の検討（データ処理設計・システム設計・運用設計）	各種ユースケースを具体的に実現するためのシステム設計を行う
データ準備	個人データの取得や利用のための準備	個人データの取得	個人データを取得する
		個人データの整備	取得した個人データを、データ分析に利用するために整備する
システム構築・運用	システムの構築・運用	プライバシーテックの技術進展に合わせた更新	プライバシーテックの技術進展を考慮しつつ、安定運用に配慮して更新する
		設計変更が生じた場合のプライバシーリスク分析の実施	設計変更が生じた場合など、適切なプライバシーリスク分析を行う運用ルールを設定する

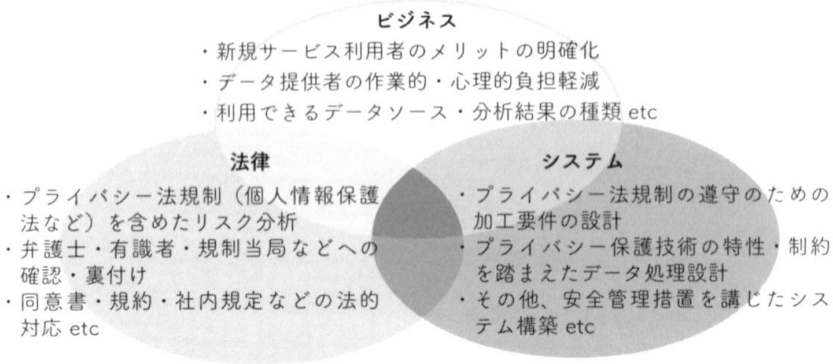

ビジネス
・新規サービス利用者のメリットの明確化
・データ提供者の作業的・心理的負担軽減
・利用できるデータソース・分析結果の種類 etc
法律
・プライバシー法規制（個人情報保護法など）を含めたリスク分析
・弁護士・有識者・規制当局などへの確認・裏付け
・同意書・規約・社内規定などの法的対応 etc
システム
・プライバシー法規制の遵守のための加工要件の設計
・プライバシー保護技術の特性・制約を踏まえたデータ処理設計
・その他、安全管理措置を講じたシステム構築 etc

図 7-2　個人データの安全な利活用に向けた検討事項

Case Study 01

広告配信データと購買データの連携・分析

本章では、各ステップの説明に加えて、実際のデータ活用事例もケーススタディとして見ていきます。ケーススタディでは、広告配信事業者Aが、小売事業者Bの保有する購買データと組み合わせた広告分析・広告配信を実施する新規サービスを立ち上げるケースを想定して、実際にどのような作業が発生するか具体的に確認します（図7-3）。

広告配信データ
広告配信
事業者A
購買データ
小売り
事業者B
突合
分析結果
広告
配信

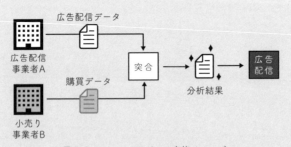

図 7-3　ケーススタディの実施イメージ

広告配信事業者Aは、自社が保有する広告配信データをさらに活

用し、広告配信に付加価値を創出するサービスを検討しています。そこで、広告主からの要望も多かった、「購買に直結した広告効果」を分析し広告主に提供するサービスを検討することとしました。ただし、この新サービスでは自社の個人データと、小売事業者Bの個人データを使うため、プライバシーリスクについても検討しなければいけません。どのように検討を進めていくか、後続のステップの説明と合わせて見ていきましょう。

なお、本ケーススタディは作業イメージを持っていただくために書いたもので、法律面を含め、実現性の観点で適切な内容であることを担保するものではありません。

Step 1
7-1 計画

プライバシーに関する規制が強くなる傾向にある現在、「とりあえずデータを集めて使いかたはあとから考える」というアプローチは、通用しにくくなってきています。そのため、データの収集時から、できる限り明確なビジネス目的を定めておく必要があります。目的を定めておけば、ユーザーに個人データを活用したサービスや、パートナーとのデータ連携などにより得られる便益を説明できるようになります。

① 目的の明確化

データ分析を実施するうえでは、まずビジネス上の目的があるはずです。そのため、ビジネスとして達成したい目的を明確にしましょう。

そのうえでデータ分析の目的を定めます。データ分析の目的とは、「これらのデータを分析した結果として、何を得たいのか？」を明確にすることです。これらの目的が曖昧であるほど、あとで検討し直すリスクも高まります。

一方で、新しい取り組みでは、最初からすべてのパターンを予見するこ

7-1 Step 1 計画 | 169

とは難しい場合もあるでしょう。そのため、一定の見直しは許容しつつ、まずは検討できるレベルから、データ分析の目的を明確にしていきましょう。

Case Study 02
分析目的と期待効果の整理

広告配信の新サービスにおけるビジネス目的は、「新たな広告配信サービスによる広告主からの広告費用の獲得」になります。このビジネス目的を達成するために、データ分析として2つのサービスを検討し、データ分析の目的を設定しました。これらの目的ごとに「ユースケース」として、表7-2のように整理します。

表7-2 本プロジェクトにおけるデータ分析の目的

No.	データ分析の目的	期待する効果
1	広告配信と購買行動の関係を把握する	広告配信と購買行動の関係が明らかになることで、購買確率が高い広告配信パターンを特定できる
2	ユーザー属性（性・年代など）からある商品の購買確率を予測する	ユーザー属性に基づいて、購買確率が高いユーザーに効果的に広告配信を行う

---

② データ処理全体像の作成

次に、各ユースケースを実現するために想定されるデータ処理の全体像を作成します。以下のように、インプット、プロセス、アウトプット、アプローチ方法を整理します（図7-4）。

本フェーズで重要なのは、データ処理の全体を通じてビジネス目的が達成できることを関係者間で確認することです。データ分析手法などの「How」に注目するあまり、ビジネス目的を達成できない、あるいは期待するほど効果が出ないことがあとから明らかになることも珍しくありませ

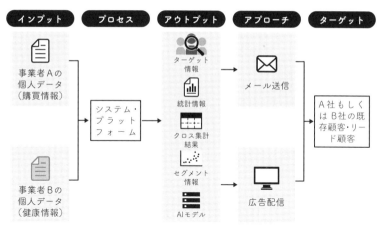

図 7-4　データ処理の全体像

ん。

また、インプットデータについても、以下の点を確認しましょう。

・データセットが既にあるか、新たに獲得する必要があるか
・既にある場合は、データ分析に利用することが可能か
・新たに獲得する場合は、獲得手段があるか(自社でユーザーを集める、他社からデータを購入する、など)

Case Study 03
目的に応じたデータ処理内容の整理

　データ分析の目的ごとに、インプット・プロセス・アウトプット・アプローチ・ターゲットを以下の表のとおり整理しました。
　データ処理の全体を見たときに、ビジネス目的(新たな広告主の広告費用獲得)に対しては合致していることをプロジェクトチーム内で確認しました。
　一方で、問題が2つ見つかりました。1つめは、事業者Bが保有

表7-3　データ処理フローの整理結果

No.	目的	インプット	プロセス	アウトプット	アプローチ・ターゲット
1	広告配信と購買行動の関係から広告効果を正確に把握する	事業者A：広告配信データ 事業者B：購買履歴データ	クロス集計	広告配信と購買結果の関係性を把握するクロス集計表	広告主に対する広告効果分析レポートの提供
2	広告配信ユーザーで特定商品を購買したユーザーに追加での広告配信を行う	事業者A：ユーザー属性（性・年代など）データ 事業者B：購買履歴データ	広告配信ユーザーへの購買有無のフラグ付与	広告配信ユーザーの購買有無のフラグ	購買したユーザーへの広告配信を実施

する購買履歴データを、プロジェクトチームは誰も確認したことがなく、データの項目や利用条件なども把握できていませんでした。そこで事業者Bに相談したところ、「データ項目は提供可能であるが、実データやサンプルデータは、社内規定によって現時点では提供が難しい」ということがわかりました。これについては、次フェーズでより詳細な検討を行い、リスクなどを含めて事業者Bと再度協議を行うこととしました。

　2つめは、No.1のユースケースにおいてデータ分析結果がどのような内容になるのか詳細な想定が難しく、広告主に対して価値を創出できるかがわからない、という点でした。これに関しては、次フェーズで詳細なデータ分析イメージをプロジェクトチーム内で確認することとしました。

③ 実現スキームの検討

　次に実現スキームを検討します。ここでいう実現スキームとは、5-3節の「個人情報の活用スキームと通知や同意の要否」や、5-4節の「適切な活用スキームの検討」で述べた内容になります。

　②で整理した情報に基づき、どのようなスキームが適用可能なのかを検

討します。ここでは、インプット、プロセス、アウトプットの論点を示します。

インプット

当取り組みにおいて採用し得る法的スキームを検討します。たとえば、インプットするデータの利用条件（例：第三者提供の同意取得の有無など）によって、採用可能な法的スキームが限定されます。また、その法的スキームを前提とした場合に、各社の保有する個人データに対してどのような加工が必要なのかを検討します。個人データの加工方法については、6-2節の「プライバシーテックの要素技術」を参考にしてください。

プロセス

どの基盤（システム、プラットフォームなど）でインプットデータを加工・マッチング・分析するのかを検討します。その際、各社のセキュリティポリシーやセキュリティ要件、その他制約条件などを総合的に考慮する必要があります。

たとえば、事業者A・Bともに個人データを自社管理のシステム環境外に出すことが難しい場合、各社の環境内で個人データを加工する必要が出てきます。さらに、各社のデータを（メールアドレスやIDなどを突合キーとして）マッチングさせて分析する環境についても、事業者A・Bどちらかのシステム環境を使用するのか、もしくはほかの事業者（そのシステムやプラットフォームを提供している企業）のシステム環境を使用するのか、各システム環境の契約名義や管理主体をどうするのかなど、各検討事項に対するステークホルダー間の合意が必要となる場合もあります。

アウトプット

当取り組みの目的やマッチング・分析したデータの活用用途（ターゲットへのアプローチ方法を含む）を踏まえて、最適なものを検討します（表7-4）。

7-1 Step 1 計画 | 173

表7-4　アウトプットの例

	ターゲット情報	統計情報	クロス集計結果	セグメント情報	AIモデル
概要	・個人情報 ・当該情報のみで顧客本人を特定しうる情報	・非個人情報 ・複数人の情報から共通要素に係る項目を抽出して集計などをした情報	・非個人情報 ・2つのカテゴリー変数を組み合わせて同時に集計した情報	・非個人情報 ・何らかの基準や特定条件で分けたグループ情報	・非個人情報 ・入力データを学習させて生成したモデル（※生成AI）
特徴	・データの価値が高い ・顧客本人の同意、または事業者A・B間で共同利用の公表が必要	・データの価値が低い ・顧客本人の同意が不要[1]	・顧客本人の同意が不要[2] ・詳細な分析が可能 ・施策検討の工数が大きい	・顧客本人の同意が不要 ・デジタルマーケティング施策と好相性	・顧客本人の同意が不要 ・モデル開発やモデル精度の検証／向上策が必要
検討方針（案）	・1to1アプローチが必須なケースに適用	・顧客の属性や行動履歴を統計的に分析、活用するケースに適用	・複数社のデータを組み合わせて活用するケースに適用	・アウトバウンドマーケティング施策を実施するケースに適用	・良質＆大量なデータがあり、高度な分析／施策を要するケースに適用

　インプット、プロセス、アウトプットは密接に関連しているため、その関係性も十分配慮しながら検討を進めます。たとえば、個人データへの加工方法を検討する際には、アウトプットとしてどのようなデータをどのような形式で得たいのか、それをどのように活用するのかをまず整理したうえで、そのアウトプット要件を満たすためのインプットの要件と合わせて検討が必要です。

　ここまでの作業結果から、事業戦略と取り組みハードルの両視点から、ユースケースの論点整理や絞り込み、優先順位づけ、ロードマップ化を行います。

　事業戦略については、収益性（事業目標を達成できそうか）や横展開可

---

1 あくまで当該アウトプットに限った話です。
2 あくまで当該アウトプットに限った話です。

能性（当ユースケースがほかの取り組みにも流用できそうか）、スケーラ
ビリティ（事業者 A・B 以外の事業者にも協力してもらえそうか）、法的
難易度（現行法と照らし合わせた際の実現性）、技術的難易度（システム
やプラットフォームの開発・運用コスト）、取り組みの先進性（類似サー
ビスが不在であるか）、規制対策（E.g. 3rd Party Cookie 規制）などの視
点で、ユースケースの妥当性や意義を精査します。

　取り組みハードルについては、ユーザー本人の同意取得要否・可否、公
表などの対応要否・可否、ユースケース施策の本番運用に対する懸念有
無、個人データの加工や安全管理措置に対する懸念有無などの視点で、各
ユースケースのハードルの高低を精査します（表7-5）。

表 7-5　ユースケースごとの整理結果

判断軸	視点（例）	ハードル
本人同意	第三者提供や共同利用に関する本人同意の（再）取得が難しい	高
	第三者提供や共同利用に関する本人同意の（再）取得の可能性あり	中
	第三者提供や共同利用に関する本人同意の（再）取得が不要	低
公表などの対応	個人情報の共同利用／仮名加工情報の共同利用の公表が難しい	高
	個人情報の共同利用／仮名加工情報の共同利用の公表の可能性あり	中
	個人情報の共同利用／仮名加工情報の共同利用の公表が不要	低
運用の実現性	アウトプットが有用ではない、もしくは運用工数に懸念あり	高
	運用設計次第で対応可能	中
	アウトプットが有用、かつ適用工数に懸念なし	低
データ加工／安全管理措置（技術的難易度／投資額）	データ加工や安全管理措置の対応に懸念あり	高
	データ加工や安全管理措置の対応に目途が立っている	中
	データ加工や安全管理措置を任せられる外部委託先が存在する	低

　以上のような検討・整理をもって、次の検証フェーズへ進められそうな
ユースケースを精査、選定します。

7-1　Step 1 計画 | 175

> Case Study 04
> ## 目的に応じた実現スキームの検討

　当初想定したユースケースは2つありましたが、No.2について
は、事業者A・Bともに第三者提供の同意はユーザーから取得してお
らず、そのままではユースケースを実現できないことがわかりまし
た。追加で検討したところ、再同意を取得することのユーザーへの説
明や、ビジネス目的に立ち返り、個人を特定せずに分析価値を創出す
るアプローチもあると判断し、No.2のユースケースは、表7-3から
以下の内容に変更しました。

表7-6　データ処理フローの整理結果（修正後）

No.	目的	インプット	プロセス	アウトプット	アプローチ
1	広告配信と購買行動の関係から広告効果を正確に把握する	事業者A：広告配信データ 事業者B：購買履歴データ	クロス集計	広告配信と購買結果の関係性を把握するクロス集計表	広告主に対する広告効果分析レポートの提供
2	広告配信ユーザーで特定商品の購買確率が高いユーザーに追加で広告配信を行う	事業者A：ユーザー属性（性・年代など）データ 事業者B：購買履歴データ	広告配信ユーザーと購買履歴に基づく機械学習モデルの構築	広告配信ユーザーへの購買確率の予測	購買したユーザーへの広告配信を実施

　これによって、ユーザーを直接的に特定することなく、効果的な広
告配信ができるアプローチとしました。

> Step 2
> # 7-2 | 検証

　ビジネス目的を整理し、分析アプローチやデータセットを特定したら、
次はより具体的な実現性の検証を行います。ビジネス・法律・システムの
多角的な面から、実現性を検証するのが目的です。これによって、最小限

のコストで、プライバシーリスクが適切に排除されているか、技術的・運用的に現実的であるか、それらを踏まえたうえで事業上の価値が出せるかを確認し、本格的な事業投資判断を行えるようにします。

以下に基本的なステップを説明します。

① ユースケースの詳細な整理

7-1 節で整理したユースケースの内容を踏まえて、どのようなデータの使いかたをするかを、より詳細に整理します。このとき、データレイアウト定義書やダミーデータなどを用いて、具体的に確認することが肝要です。

とくに、以下の点で躓きやすいので注意しましょう。

- ・インプットデータが抽象的な内容しか定義されていない（Step 1 より具体的に、項目レベルで特定する）
- ・自社（事業者 A）が使えるデータは把握しているが、他社（事業者 B）が使えるデータがわからない
- ・分析アウトプットを誰がどのように使うのか明確になっていない

インプット

インプットに関しては、以下の項目を把握できるようにしましょう。

表 7-7　インプットに関して整理する項目

項目	説明	例
利用するデータセット	おおよそ関係者が理解できるデータセットの名称	購買履歴データ
データ項目	データセットに含まれる項目	購買 ID、氏名、住所、メールアドレス、年齢、店舗名、購入商品
プライバシー分類	個人情報保護法や社内規定で定められた情報の分類	個人情報
加工方法	データセットに対して行う加工方法	氏名、住所を削除 メールアドレスはハッシュ変換

プロセス／アウトプット

プロセスおよびアウトプットについては、以下の項目を整理します。

7-2　Step 2 検証 | 177

表 7-8　プロセス／アウトプットに関して整理する項目

項目	説明	例
利用するデータセット	おおよそ関係者が理解できるデータセットの名称	購買履歴データ
データ項目	データセットに含まれる項目	購買ID、氏名、住所、メールアドレス、年齢、店舗名、購入商品
プライバシー分類	個人情報保護法や社内規定で定められた情報の分類	個人情報
加工方法	データセットに対して行う加工方法	氏名、住所を削除 メールアドレスはハッシュ変換

Case Study 05
データ処理内容の詳細化

　Step 1 で作成したユースケース No. 1 に対して、以下のとおり内容を整理しました。

インプットデータ

表 7-9　インプットデータに関する整理結果

項目	事業者 A	事業者 B
利用するデータセット	広告配信データ	購買履歴データ
データ項目	広告ID、メールアドレス、配信した広告コンテンツID、広告クリックの有無	購買ID、氏名、住所、メールアドレス、年齢、店舗名、購入商品
プライバシー分類	個人情報	個人情報
加工方法	メールアドレスはハッシュ変換 その他項目は k-匿名化を適用	購買履歴をユーザー単位に変換 氏名、住所を削除 メールアドレスはハッシュ変換 その他項目は k-匿名化を適用

プロセス／アウトプット

表 7-10　プロセス／アウトプットに関する整理結果

項目	内容
マッチング方法	ハッシュ化されたメールアドレス同士で突合
分析手法	突合後のデータに対して、クロス集計を行う
アウトプット	クロス集計表
アウトプットの利用方法	クロス集計の一部から一定人数があるセグメントを抽出し、セグメント広告配信する

② ノックアウトファクターの抽出

　次に、ユースケースごとに**ノックアウトファクター**（明らかに実現不可な事項）の抽出を行います。主に、以下 2 点を中心に検討しておくとよいでしょう。

①　プライバシー規制への対応
②　プライバシーテックの適用と制約の検討

　プライバシー規制への対応については、たとえば法規制の関係上、利用できないデータを想定していたり、他者に渡せないデータを渡す前提になっていたりしないかを確認します。その際に、プライバシーリスク分析ができるとよいでしょう。プライバシー影響評価[3]（PIA）の実施も想定されますし、実際のインプットデータやデータ処理プロセス、アウトプットを確認しつつ当取り組みにおけるプライバシーリスクを抽出し、対策を検討します。

　とくに、以下の点で躓きやすいので注意しましょう。

---

3 4-2 節参照。

7-2　Step 2 検証　│　179

・データ処理フローにおいて、委託で実施する部分と第三者提供で実施する部分が曖昧になっている
・社内で規定されているプライバシーに関する基準や条件などが洗い出されていない（リスク抽出漏れの懸念がある）

　プライバシー規制への対応と合わせて、プライバシーテックの適用についても検討します。PIAなどで抽出したプライバシーリスクは、プライバシーテックの適用で軽減できる場合があります。このとき、プライバシーテックの特性を理解し、どのシーンでどの技術を適用できるかを見極めることが重要です。

　また、プライバシーテックを用いる場合は、技術的な制約についても考慮しておく必要があります。想定していたユースケースでは、技術的に実現できないデータ処理になっている可能性があるからです。プライバシーテックはプライバシー保護を目的とした技術のため、通常のデータ処理では実現できることが実現できない場合もあります。そのため、プライバシーテックの適用が想定される場合は、その制約事項も考慮しておく必要があります。以下に、制約事項の例を述べます（詳細は6-2節の「プライバシーテックの要素技術」参照）。

・秘密計算技術を用いる際に、計算速度が遅いため、リアルタイム処理を求める用途では使うことができない
・連合学習技術を用いる際に、技術的な制約から、用いる想定だった機械学習アルゴリズムを使うことができない
・k-匿名化によって、想定した分析粒度を確保することができず、分析に用いることができない

　インプットするデータやデータ処理基盤の準備が整ったら、検証に着手します。そして実際にインプットデータを設計したデータ処理フローで処理した結果、想定どおりの結果が得られるか、データ処理速度は実運用に耐えられるものか、システムの実行・運用手順は問題ないかなどの視点

で、システム構築に向けた懸念やボトルネックを確認します。仮に何かしらの課題を確認した場合は、その原因と対策を整理し、場合によっては再検証を実施のうえ、申し送り事項の整理やシステム構築準備を進めます（図7-5）。

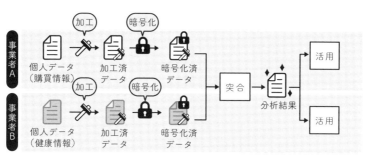

図7-5 検討結果を反映したデータ処理フロー例

これらの詳細設計は、以下のような視点で行います。

・それぞれの処理がどのシステム環境で行われるのか
・各処理の主体（アカウント名義）は誰を想定しているのか
・各処理で使用するシステムや技術は何か
・必要なセキュリティ対応（E.g. セキュリティチェック、セキュリティポリシーとの整合確認）は何があるか

以上、規制対応、技術的制約を検討し、ノックアウトファクターがないことを確認できたら、この取り組みの実現性は確認できたことになるので、詳細設計に入ります。

Case Study 06
ノックアウトファクターの整理

　No. 1 のユースケースに対して、まずはプライバシー規制への対応を検討します。今回のケースでは事業者Ａ・Ｂ両社で法務担当者を交えて確認を行いました。その結果として、重要なリスクは見つかりませんでしたが、事業者Ａの社内規定として、クロス集計後の条件に見落としがあり、表 7-10 に一部条件を追加しました。

プロセス／アウトプット

表 7-11　プロセス／アウトプットに関する整理結果（修正版）

項目	内容
マッチング方法	ハッシュ化されたメールアドレス同士で突合
分析手法	突合後のデータに対して、クロス集計を行う クロス集計後の結果に対して、サンプル数が少ないデータを削除する
アウトプット	クロス集計表
アウトプットの利用方法	クロス集計の一部から一定人数があるセグメントを抽出し、セグメント広告配信する

　それ以外については、事業者Ａ・Ｂの法務担当者がチェックするとともに、顧問弁護士にも確認を行い、大きな問題がないことを確認しました。
　その後、検証を行うため以下の作業を行いました。

・データ準備：事業者Ａ・Ｂのダミーデータを作成する
・環境準備：一連のデータ加工、突合・分析までを実施できる環
　　　　　　境を用意する

　準備完了後にダミーデータによる検証を実施して出てきた課題とし

て、以下がピックアップされました。これらは、次のフェーズへ申し
送りします。

・事業者 A・B それぞれの環境で行う k-匿名化の処理速度が想定
　以上に遅い

7-3 | **Step 3** 設計

　スキームが決まり、実現性も検証できたので、次はプライバシーテック
を使うためのシステム設計を行っていきます。個人データを用いる場合
は、ビジネス・法律・システムの3つの視点で検討していくことが重要です。
　なお、事業者としては、外部のシステム開発会社へ設計を委託する場合
も多いと思います。以下に示す事項については、発注者である事業者、お
よび委託を受けるシステム開発会社双方が理解しておくべき内容です。そ
の理由としては、発注者としての事業者が主にビジネス面・法律面を踏ま
えたうえでのシステム設計・開発を委託する必要があり、システム開発会
社の立場からも、システム要件の前提となるビジネス面・法律面を踏まえ
て、プライバシー加工などを含めたプライバシー保護をシステム設計に反
映する必要があるためです。

① ビジネス面で必要な対応

　ビジネス面では、主にステークホルダー調整がメインの業務になりま
す。どのような事業にプライバシーテックを用いるかにもよりますが、た
とえば新規事業に関連するものである場合は、事業計画の作成やマスター
スケジュールの作成が必要になります。
　また、このフェーズになると、ビジネスパートナーの獲得・調整も含
め、プロジェクトの関係者が増えてきます。たとえば、データ提供者とな
るパートナー事業者を開拓する場合は、データ提供者へのメリットやお願

いすべき事項などを整理し、説明する必要があります。

そのようなビジネス調整のなかで、ステークホルダー間での商流や役割分担を調整し、それに基づいた契約行為を進めていく必要があります。社内で複数の事業部と調整するだけでも相応の大変さがありますが、社外となると契約行為が必要になるため、この調整が円滑に進まないことが、プロジェクト全体のスケジュールに大きな影響を及ぼす可能性がありますので、留意が必要です。

Case Study 07
事業計画作成などのビジネス対応

　本ケースでは、広告配信事業者Ａの新規事業となるため、事業者Ａが事業計画を作成しました。その結果として、小売事業者Ｂ以外の企業も今後は広げていくことを計画しました。また、小売事業者Ｂと、正式なサービス利用に向けて契約を締結し、今後の広告主に対する契約ひな形としました。

　営業チームでは、本事業の特徴やメリット、サービス利用に向けた手続きなどを営業資料としてまとめ、順次顧客開拓を進めることとしました。

---

② システム面で必要な対応

システムに関しては、**データ処理設計→システム設計→運用設計の順**で検討を進めるとよいでしょう。

まずデータ処理設計では、Step 2で確認したデータ処理フローをベースに、より本番運用を想定して変更点などがないかを確認します。たとえば、Step 2では処理速度が課題として残っていたものの、本ステップへの申し送り事項となっている場合は、あらためてアルゴリズム選定を行う必要があります。

次に、システム設計を行います。このとき、プライバシーテックを用いる場合はそれを想定した設計が必要になります。データ処理設計の意図を十分理解し、どの環境でどのようなデータ処理を行うシステムが求められるのかを確認しながらシステムを設計します。たとえば、マルチパーティ計算の秘密計算を用いる場合は、計算するサーバーが２つあるいは３つなど複数必要になりますし、サーバー間通信が計算速度のボトルネックになりやすいので、サーバースペックなども、技術特性とビジネス要件から決めていく必要があるでしょう。

　運用設計では、プライバシーテック特有箇所については注意して検討しましょう。たとえば、秘密計算環境を技術アップデートする場合、どのような作業が発生し、本番運用にどのような影響を与える可能性があるのかを整理することが重要です。さきほどのマルチパーティ計算の秘密計算を用いる例では、２つのサーバーの片方が停止した場合の影響を整理しておく場合、プライバシーテックの技術内容を理解したうえで検討することが求められます。

Case Study 08
検討ステップ内容を踏まえたシステム設計

　Step 2 で得られた結果や申し送り事項を踏まえ、本番運用に向けてシステムを設計します。今回のケースの場合、主に以下４つの領域に分けて設計を整理しました。

① 事業者 A の個人データを加工する
② 事業者 B の個人データを加工する
③ 事業者 A・B の加工後のデータを突合・分析する
④ 分析結果を取得・利用する

　それぞれの区分で必要となる機能を定めます。たとえば、「① 事業

者Aの個人データを加工する」部分では、以下の機能が必要になる
と定義しました。

- ・事業者Aの個人データを収集する
- ・収集した個人データのうち、分析に必要な項目だけに絞り込む
- ・プライバシー要件に合わせたかたちでデータを加工する
- ・加工したデータを暗号化する
- ・暗号化したデータを分析環境（「③ 事業者A・Bの加工後のデータを突合・分析する」の環境）へ送信する

　また、それぞれの区分の管理主体および作業主体を決めました。今回のデータ処理を法務面から想定し、事業者がシステム開発会社へお願いする場合、以下の整理としました。

- ・①②④の区分：委託
- ・③の区分：第三者提供

　この考えに従い、個人データの取り扱いの範囲、アクセス権限の管理などのセキュリティ基準を決めていきます。

③ 法律面で必要な対応

　法律面で対応が必要なこととして、プライバシーリスク分析があります。近年ではPIAも普及してきていますが、実際に想定される個人データのデータ処理プロセスを把握し、そのなかでのプライバシーリスクを抽出することで、リスク対策を行うための取り組みを行います。

　個人データを取り扱い、かつプライバシーテックを利用するということは、相応にセンシティブなデータ処理を行うプロジェクトであると想定されます。そのような場合は、プライバシーリスクを分析し、リスク対策が施されているかを法務の立場から検討します。プライバシーリスク分析を

行うことで、プロジェクト関係者間でもリスクおよびその対策の共有が可能になります。

さらに、本取り組みに関連するドキュメントについても整備していく必要があります。プライバシーポリシーやサービス利用規約、プライバシーポータルや社内規定など、本取り組みに関連するドキュメントを把握し、該当箇所の作成や修正を進めていきます。

Case Study 09
プライバシーリスクの分析・対応

Step 2 で法務担当を交えた確認を行っていますが、システム設計が完了したタイミングで、あらためてプライバシーリスク分析を行いました。これによって、システム設計完了後のデータ処理内容に対して、許容できないプライバシーリスクがないかをチェックします。

そのなかで、Step 2 で生じた課題を解決するため、k-匿名化のアルゴリズムを見直すことにしました。その際に、社内規定で定めたk-匿名化の数値が遵守されていないことが指摘されました。そのため、再度アルゴリズムおよび設定値を見直し、社内規定どおりであることを確認しました。

また、プライバシーポリシーおよびプライバシーポータルの修正も行い、サービス提供準備も整いました。

以上のとおり、このステップでは各面で対応が本格的に必要となるため、全体的なプロジェクトマネジメントが重要になります。また、プロジェクトマネジメントを行うメンバーは、ビジネス・法律・システムの横断的な理解がないと、円滑なプロジェクト進行ができなくなる恐れがあるので、プライバシーの理解があるプロジェクトマネジメント経験者を配置するなど、メンバー配置にも考慮しましょう。

7-3 Step 3 設計 | 187

Step 4
7-4 データ準備

このステップでは、いよいよ、必要な個人データの取得を行います。

① 個人データの取得

個人からデータを収集するフェーズです（収集済の個人データを活用する場合は、本項は読み飛ばしていただいて結構です）。自社サービスなどで個人から情報を提供してもらい、個人データとして自社で管理・運用します。

Step 3で用意した利用規約などで、個人データの利用目的や第三者提供の有無などをユーザーに示します。

② 個人データの整備

データ分析に用いる個人データを整備します。データ分析に用いる際に、以下の点で個人データを整備しておくことが必要になるケースが多いです。

- データ分析には、個人データの一部項目を用いる（データ分析に用いない項目は、プライバシーの観点からも必要以上にデータ処理対象に含めない）
- 自社内の複数のデータセットを組み合わせて、データ分析に用いる（たとえば、自社サービスAと自社サービスBの共有ユーザーのデータを用いる、など）
- セキュリティ対策の観点で、元の個人データを一部加工して、分析用データに分けて管理する

また、社内規定によっては、自社の個人データはデータセンター内など限られた場所で保管しており、そこから外部へ持ち出す際の条件として、一定の加工などを行うことが必要となるケースもあります。

Case Study 10
分析用データの準備

　本ケースでは、すでに個人データを収集していることを前提とします。この場合、個人データはすでに企業内に存在しているので、それとは別でデータ分析用にデータベースの整備を行うこととしました。

　通常、収集した個人データのすべての情報を使うのではなく、データ分析の目的に応じてデータの項目や、条件に応じてデータの件数の絞り込みを行います。本ケースでも、データ分析用として、Step 3までで検討してきた項目を利用することを想定し、データ分析用のデータベースを用意しました。

Step 5
7-5 システム構築・運用

　システム設計の結果に基づいて、システムの構築・運用を進めます。ここは、おおむね従来のシステム開発とそれほど大きな違いはないでしょう。ただし、留意点が2つあります。

① プライバシーテックの技術進展に合わせた更新

　プライバシーテックを利用する場合、技術発展がある領域でもあるため、運用期間中に最新の技術に更新することが考えられます。一方ですでに運用されている場合は、技術更新によるシステム変更の影響を正しく見極めて行う必要があります。不用意な更新を行うことで、システム運用に影響を与えないよう、プライバシーテックの専門性を持った事業者と、慎重に進めましょう。

7-5　Step 5 システム構築・運用　| 189

② 設計変更が生じた場合のプライバシーリスク分析実施

7-3 節でプライバシーリスク分析の実施について述べましたが、開発や運用の過程で設計変更が生じた場合にも、実施が必要になります。近年では、サービス開発・修正のスピードも上がっており、頻繁な設計変更によるデータ項目の追加なども行われることがあります。

もちろん、軽微な変更も含めてすべてを実施する必要があるわけではありませんが、たとえば新たに個人データの項目を収集するような設計変更が生じた場合は、データ項目の特性やその利用方法などに合わせてプライバシーリスク分析を実施する必要があるでしょう。

このような、システム運用中に設計変更が生じた場合においても、社内のプライバシーガバナンスルールに従って、プライバシーリスク分析を実施します。

Case Study 11
プライバシーリスクの再分析・対応

事業者 A・B のデータ分析は無事に運用されていますが、その後、別の小売事業者 C も新たにこの取り組みに興味を持ってくれました。事業者 C の保有データを確認すると、事業者 B と比べてデータ項目が多く、より多様な分析が可能であることがわかりました。そのなかに位置情報も含まれていました。

この取り扱いを検討するにあたり、位置情報に関するプライバシーリスクが論点となりました。位置情報は、詳細度によっては個人の行動履歴を詳細に特定できる可能性があります。そのため、個人特定リスクを十分に下げるため、特定エリアにいる人数が特定数以上になるよう位置情報の粒度を粗く設定し、分析に利用することにしました。

これに伴って、データ加工部分のプログラムにも一部修正が生じました。この変更に伴って、プライバシーリスクが高まった状態になっていないか、試験時に処理結果を確認しました。

　プライバシーリスクの検討、プログラム修正、検証を通じて、事業者Cのデータも本取り組みで利用可能になりました。

　以上、個人データを安全に活用するためのフローをたどってきました。ここに示しているのは標準的で簡素な内容になっているので、読者の方が関わる個別のユースケースごとに、より詳細な検討を行っていただければと思います。

7-5　Step 5 システム構築・運用 ｜ 191

おわりに

　著者らは、これまでプライバシー DX カンパニーである Acompany で業務を行うなかで、プライバシー領域には非常にたくさんの社会課題が存在していると痛感してきました。

　プライバシーへの関心の高まりや対策の重要性は、グローバルなトレンドであること。パーソナルデータを活用した取り組みには、必ずプライバシーに関する知見を取り入れて検討・対策する必要があること。その一方で、プライバシーに関する情報や理解が社会的に不足しており、専門家と呼ばれる人も市場に不足していること。

　著者らが所属する Acompany は、最初はプライバシーテックの 1 つである秘密計算技術を提供していました。しかし、秘密計算技術の活用可能性以外にも、多くの企業・組織の方が、さまざまなプライバシーに関する課題を抱えており、解決できていない実態があることに気づきました。多くの人がパーソナルデータを活用し、社会的に新しい価値を創出しようと試みているのに、なぜかプライバシーに関する知識・ノウハウは社会的に十分に共有されておらず、適切な対策を検討することに苦労しているのでした。

　これらの実態に気づく過程で、Acompany は事業領域をどんどん捉え直し、「秘密計算技術を提供する会社」から「プライバシーの課題を解決し DX を推進する会社」となっていきました。

　プライバシーテック自体にも、社会の課題を解決する力はあると思っています。しかし、それ以上に、プライバシーに関する課題に多くの方が関心を持ち、それぞれの立場から「プライバシーの課題を解決した DX」を実現していただくことこそが、社会を大きく前進させるものと考えています。

本書を読んでご理解いただいたとおり、プライバシーに関する規制は社会の発展に合わせて変わってきており、プライバシーテックもまだ技術進化の途上といえます。そのため、パーソナルデータの取り扱いに関する規制や技術に関する知識、ひいては社会におけるプライバシーの価値観も、本書の内容にとどまらず常にアップデートしていく必要があります。

　本書の内容が、パーソナルデータの活用を検討する方々の理解の一助になり、今後もプライバシーに関心を持っていただく契機となったならば、著者としてはこのうえない喜びとなります。

　最後に、この場を借りて、本書の制作に携わっていただいたすべての方に心から感謝します。書籍化に向けて多大な協力をいただいた方々をはじめ、Acompany の社員でありプライバシー法務スペシャリストの宇根駿人、上村俊介、パブリックアフェアーズスペシャリストの竹之内隆夫におかれましては、本書の執筆における献身的なサポートに深くお礼申し上げます。

2025 年 1 月

著者一同

索　引

数字

1st Party Cookie 063

3rd Party Cookie 061

アルファベット

BCR 046

CCPA（カリフォルニア州消費者プライバ
シー法） 049
CDP 010, 064
CMP（同意管理プラットフォーム） 124
Cookie 061
Cookie ID 060
Cookie 規制 063

DFFT（信頼性のある自由なデータ流通）052
DMP 010
DPIA（データ保護影響評価） 047
DPO（データ保護責任者） 047
DSP 010

EHDS 039

FTC 法 073

GDPR（EU 一般データ保護規則） 044

HFL（水平連合学習） 153
HIPPA 039

IP アドレス 046
ISACA 088
IT 基盤 008

k-匿名化 133
k-匿名性 135

M2M データ 006
MPC（マルチパーティ計算） 146

OECD 054
OECD ガイドライン 054

PbD（プライバシー・バイ・デザイン）
040, 074
PETs（プライバシーテック） 130
PIA（プライバシー影響評価） 041, 074
PoC（概念実証） 166

Remote Attestation 146

SCC 046
Sler 048
SSP 010

TEE 144

VFL（垂直連合学習） 155

あ行

アドネットワーク 010
アドバイザリーボード 079
暗号化 143
安全管理措置 067

医療データ 039
インサイト 003

エッジ AI カメラ	027	個人情報保護法	053
エンクレーブ（信頼可能領域）	144	個人データ	002, 096
		個人データの越境移転	121
オーディエンスデータ	060	個人データのライフサイクル	068
オープンイノベーション	005	コンソーシアム	005
オープンデータ	005	コンプライアンス	070
オプトアウト	027, 127		
オプトイン	127	**さ行**	
		差分プライバシー	136

か行

ガイドライン	056	シェア	148
仮名化	048	識別	045
仮名加工情報	097	識別子	133
ガバナンス	018	事業者	002
可用性	081	次世代医療基盤法	058
完全性	081	自然人	046
		十分性認定	046
規範	056	州法	049
機密性	081	準識別子	134
共同利用	112	準同型暗号	150
		情報銀行	013
クエリ	136	省令・規則	055
グローバルモデル	152		
		スーパーシティ	009, 013
公開鍵	150	ステークホルダー	006
広告識別子	060	スマートシティ	009, 013
合成データ	140		
構造化データ	006	生活者支援	013
行動履歴情報	060	政令	055
個人遺伝情報	040	セキュリティ審査	075
個人関連情報	100	セグメンテーション	011
個人情報	095	セグメント	011
個人情報取扱事業者	053	センシティブ属性	136
個人情報保護委員会	054		

セントラル差分プライバシー（グローバル
　差分プライバシー）　　　　　　139

属性情報　　　　　　　　　　　　060

た行
ターゲティング広告　　　　　　　060
第三者提供　　　　　　　　　　　105

提供元基準　　　　　　　　　　　106
データガバナンス　　　　　　　　053
データセット　　　　　　　　　　078
適法性審査　　　　　　　　　　　075
デバイス　　　　　　　　　　　　008

特定個人情報　　　　　　　058, 103
匿名加工情報　　　　　　　　　　099

な行
ナレッジデータ　　　　　　　　　005

は行
パーソナルデータ　　　　　　　　006
パーソナルデータストア　　　　　013
パブリッシャー　　　　　　　　　063
パラメータ　　　　　　　　　　　152
半構造化データ　　　　　　　　　006

非構造化データ　　　　　　　　　007
ビッグデータ　　　　　　　　　　003
秘匿化　　　　　　　　　　　　　143
秘密計算（秘匿計算）　　　　132, 143
秘密分散　　　　　　　　　　　　147

復号　　　　　　　　　　　　　　144

プライバシー　　　　　　　017, 033
プライバシーガバナンス　　018, 070
プライバシー権　　　　　　　　　033
プライバシー人材　　　　　　　　088
プライバシー保護組織　　　　　　082
プライバシー予算　　　　　　　　138
プライバシーリスク　　　　　　　042
プロファイリング　　　　　　　　034

保有個人データ　　　　　　　　　096
本人の同意なき行動トラッキング　017

ま行
マイナンバー（個人番号）　　　　103
マイナンバー法（番号法）　　058, 104
マッチング　　　　　　　　　　　064

や行
ユーザー　　　　　　　　　　　　002

容易照合性　　　　　　　　　　　101
要配慮個人情報　　　　　　　　　078
抑制　　　　　　　　　　　　　　135

ら行
ランサムウェア　　　　　　　　　020

利用目的　　　　　　　　　　　　104

レコード　　　　　　　　　　　　133
連合学習　　　　　　　　　　132, 152
連邦法　　　　　　　　　　　　　049

ローカル差分プライバシー　　　　139
ローカルモデル　　　　　　　　　152

〈著者略歴〉

佐藤 礼司（さとう れいじ）
株式会社 Acompany 取締役 COO。アクセンチュア、エクサウィザーズなどを経て現職。複数の業界において AI などの先端技術を活用した DX 推進プロジェクトを数多く実施。MBA（経営学修士）・中小企業診断士。

橋村 洋希（はしむら ひろき）
株式会社 Acompany 執行役員 CBDO。アクセンチュア、エクサウィザーズなどを経て現職。さまざまな業界の大手・中堅企業の DX や新規事業創出の支援を経験。現職ではプライバシーデータ起点でのサービス開発や事業開発、コンサルティングに従事。

- 本書の内容に関する質問は、オーム社ホームページの「サポート」から、「お問合せ」の「書籍に関するお問合せ」をご参照いただくか、または書状にてオーム社編集局宛にお願いします。お受けできる質問は本書で紹介した内容に限らせていただきます。なお、電話での質問にはお答えできませんので、あらかじめご了承ください。
- 万一、落丁・乱丁の場合は、送料当社負担でお取替えいたします。当社販売課宛にお送りください。
- 本書の一部の複写複製を希望される場合は、本書扉裏を参照してください。

JCOPY ＜出版者著作権管理機構 委託出版物＞

DX 時代のプライバシー戦略
―個人データ保護とビジネス強化両立の実践ガイド―

2025 年 2 月 20 日　第 1 版第 1 刷発行

著　　者　佐藤礼司・橋村洋希
発 行 者　村 上 和 夫
発 行 所　株式会社 オーム社
　　　　　郵便番号　101-8460
　　　　　東京都千代田区神田錦町 3-1
　　　　　電話　03(3233)0641（代表）
　　　　　URL　https://www.ohmsha.co.jp/

© 佐藤礼司・橋村洋希 2025

印刷・製本　三美印刷
ISBN978-4-274-23257-2　Printed in Japan

本書の感想募集　https://www.ohmsha.co.jp/kansou/
本書をお読みになった感想を上記サイトまでお寄せください。
お寄せいただいた方には、抽選でプレゼントを差し上げます。

関連書籍のご案内

ソフトウェア品質知識体系ガイド
—SQuBOK Guide V3— 第3版

飯泉紀子・鷲崎弘宜・誉田直美[監修]
SQuBOK策定部会[編]
定価(本体4000円【税別】) | B5変判 | 400頁

ソフトウェア品質に関する膨大な技術を整理、体系化

本書は、ソフトウェア、ITシステムの専門家である著者らが長年取り組んできたソフトウェアの品質について体系立てて整理し、簡潔に解説したものです。第1版発行から13年、第2版から6年が経過し、ソフトウェアを取り巻く環境は大きく変化しました。これを踏まえ、従来の内容を見直し、最新の技術（AI、IoTなど）の品質についても大幅に加筆しました。本書の情報をもとに、ソフトウェアの品質がどのようなものであるのか、どのように品質を確保するか、といった検討が可能になります。ソフトウェアに携わるすべての方におすすめの一冊です。

このような方におすすめ

ソフトウェア開発者、管理者、品質保証に携わる技術者など

主要目次

- 序　章　SQuBOKガイド　概略
- 第1章　ソフトウェア品質の基本概念
- 第2章　ソフトウェア品質マネジメント
- 第3章　ソフトウェア品質技術
- 第4章　専門的なソフトウェア品質の概念と技術
- 第5章　ソフトウェア品質の応用領域

もっと詳しい情報をお届けできます。
○書店に商品がない場合または直接ご注文の場合も右記宛にご連絡ください。

ホームページ　https://www.ohmsha.co.jp/
TEL／FAX　TEL.03-3233-0643　FAX.03-3233-3440

(定価は変更される場合があります)